改訂版
確率のはなし

●基礎・応用・娯楽

大村 平 著

日科技連

まえがき

　品質管理,オペレーションズ・リサーチ,インダストリアル・エンジニヤリング,信頼性工学,エトセトラ,エトセトラ…….何と忙しいことでしょう.統計学の急速な進歩につれて,いろいろな新しい科学的管理の手法が一せいに花咲いてきました.これからの企業は喰うか喰われるかです.喰われずに生きのび繁栄するためには,ライバルに先んじて,これらの新しい手法で武装することがかんじんです.そのためには,統計学の基礎的な考え方を身につける必要があります.もう,統計は専門家にまかせておけ,というわけにはいきません.企業の一人一人が,いや,社会の一人一人が,たし算やかけ算と同じような素養として,統計学の基礎を身につけなければならない時代になりました.しんどくても,それがきびしい現実です.そして統計学の入口は,まず確率です.

　確率論の参考書は,本屋にいくらでも売っています.しかし,どうもむずかしすぎます.良いことがたくさん書いてあるのですが,数学の言葉で書いてあるので,どうしてもとっつきにくいのです.

　こういう話があります.友達どうしのある集りで,ある人が「ここに N 個のお菓子があるとします」と話し出したのだそうです.工業関係の仕事をしている友人達は頭の中に 'N 個のお菓子' を想像したのですが,一方,事務系の仕事をしている人達は,一せいに 'N 子さんのお菓子' を頭の中に描いた,というのです.こうしてみると,工学のはしくれの仕事をしている私達にとってさえ難解な数学の言葉が,数学に縁どおい人達にとって,どれほど恐ろしいものであるか想像に

あまりあります.

　しかし，それでも確率の考え方は勉強しなければなりません．さもないと喰われてしまいます．そのためには，数学的には立派でなくても，日常の生活や仕事に使えるように，ふつうの日本語で書いた本が必要だろうと思います．

　そういうわけですから，この本は，楽しんでいただくよりは，確率を理解していただくことを目的に書いていくつもりです．忙しい世の中ですから，通勤の電車の中などで読んでいただけるよう，そのためには，くどい所や厳密さを欠くところがあってもやむをえないというつもりです．本当は，にやにや，けらけらと笑って読んでいるうちに確率がわかってしまうように書けるとよいのですが，残念ながら私には，それだけのものを書ける能力がありません．そこのところはお許しをいただいて，確率を理解するために多少の努力はお願いしたいと存じます．

　昭和 43 年 4 月

　この本が出版されてから，もう，30 余年が経ちました．その間に，思いもかけないほど多くの方々に，この本を取り上げていただき，感謝に耐えません．

　ところが，その間に社会環境や統計値などが変化し，本文中の記述に不自然なところが目につくようになってきました．そこで，そのような部分だけを改訂させていただくことにしました．

　今後とも，いささかでも，お役に立てれば幸いです．

　平成 14 年 7 月

大 村　平

目　　　次

まえがき ·· iii

基　礎　編

I. 確率と人生 ·· 3
　　偶然は人生を支配する　*3*
　　偶然には確率で対抗しよう　*8*
　　企業と確率　*11*

II. 確率とは？ ·· 13
　　ラプラスの確率　*13*
　　確率の性質　*17*
　　ラプラスの考え方の応用　*20*
　　先験的確率と経験的確率　*24*
　　大数の法則　*26*
　　確率のもう一つの考え方　*31*
　　サイコロに記憶はない　*33*

III. ことがらの性質 ·· 36
　　集　　合　*36*
　　事象の組合せ　*40*
　　事象の演算　*45*

ド・モルガンの法則　*46*

IV. 確率の計算のしかた（その1　簡単な場合） ………… *49*

起こるか，起こらないか，それが問題だ　*49*

たし算でできる確率の計算　*53*

かけ算でできる確率の計算　*56*

条件付き確率　*61*

原因を推定する　*66*

ゆだんのならない'少なくとも'　*70*

かけ算をたし算で代用する　*73*

双葉山の69連勝　*75*

V. 確率の計算のしかた（その2　ちょっと複雑な場合）… *80*

パスカルの三角形　*80*

組合せのある確率　*85*

不良品を含む確率　*88*

二項分布ということ　*92*

馬にけられて死ぬ確率　*93*

超幾何分布というおそろしい名前の分布　*97*

抜取検査の性質　*101*

幾何分布と呼ばれる分布　*103*

VI. 分布のはなし ………… *106*

連続型の分布　*106*

いろいろな形の分布　*114*

人間の寿命　*118*

目　次　vii

応 用 編

VII. もうけを予測する …………………… 125
　　もうけはいくら期待できるか　125
　　かけが成立する条件　130
　　宝くじは1枚だけ買え　132
　　金持ちは，ますます金持ちになるか　136

VIII. ゲームの理論 …………………… 144
　　ゲームのなりたち　144
　　損失を最小にする手　147
　　手を混ぜて損失を最小にする　150
　　残念さを最小にする手　156
　　生きているうちに頭を使おう　159
　　アイスクリームとホットドッグ　163

IX. 偶然を作り出す …………………… 169
　　偶然を作ろう　169
　　乱数のはなし　171
　　あなたの英単語の知識は？　178
　　待ち行列を作ってみよう　182
　　待ち行列の性質　189
　　モンテカルロ・シミュレーション　192

X. ぺてんにかかりそうな確率 …………………… 197
　　見えない区切りのいたずら　197

　　　　　　　　　　　　目　　次

　　　3人のジャンケン　　*200*

　　　マーチンゲールの謎　　*204*

　　　あてにならない直感　　*211*

　　　サービス券のからくり　　*213*

XI. 確率の大学院 *218*

　　　移り変りの確率　　*218*

　　　マルコフ過程　　*224*

　　　マルコフ過程のゆくさきは　　*227*

　　　人の噂はあてにならない　　*233*

　　　エルゴード性　　*236*

　　　確率で英語を作ってみよう　　*239*

　　　確率の倫理　　*242*

　　　　　　　　娯　楽　編

XII. パチンコの確率 *249*

　　　パチンコの一般式　　*249*

　　　パチンコは腕がものをいう　　*252*

　　　目標額を決めなさい　　*255*

　　　現代のパチンコ　　*258*

XIII. ダイス遊びの確率 *263*

　　　ファイブ・ダイスの遊び方　　*263*

　　　配り手の確率　　*266*

　　　検算のおすすめ　　*271*

目　次　　　　　　　　ix

　　　上り手を作る確率　*272*

XIV.　トランプ占いの確率 ………………………… *276*

　　　時　　計　*276*

　　　一歩下がって問題を眺める　*279*

　　　'おめでとう'の確率　*281*

　　　めでたさが中ぐらいの確率　*284*

XV.　ブリッジの確率 …………………………………… *288*

　　　ブリッジの遊び方　*288*

　　　は　さ　み　*290*

　　　10枚カードのK抜けは，はさめ　*292*

　　　9枚カードは頭から　*294*

　　　からすがくる確率　*296*

XVI.　競　馬　の　確　率 …………………………… *298*

　　　たちの悪い確率　*298*

　　　単純に考えると　*300*

　　　4番人気の馬がたのしみ　*301*

付　　　録 ……………………………………………… *306*

　　　$n!$の計算法　*306*

　　　ポアソン分布の式の誘導　*306*

　　　超幾何分布の式の誘導　*307*

　　　180，181ページの単語の意味　*310*

ク イ ズ の 答 ………………………………………… *312*

確率のはなし
——基礎・応用・娯楽——

基　礎　編

偶然しか計算に入れないのも愚かだが，偶然を計算に入れないのは，もっと愚かなことだ．
　　　　　　　　　　　　ルミ・ド・グールモン

I. 確率と人生

偶然は人生を支配する

　人生には，つぎからつぎへと，いろいろなことが起こります．まったく，いろいろあらーな，です．この「いろいろ」は，つきつめてみれば，きっと厳密な因果法則に支配されて，私達の身のまわりに現われてくるのだろうと，私は思っています．「いろいろ」の中には，私の貧弱な頭脳でも，それが現われるにいたったすじみちを，ある程度は理解できそうなものも少なくありません．一方，すじみちがありそうに思われながら，よくはわからなくて，そのうちに科学がもっと進歩したら，うまく説明してくれるだろうと，期待しているものもあります．

　さらに，偶然という言葉で呼ばれている不思議な「いろいろ」の一団があります．偶然とは何でしょうか．私達は，サイコロをふって⚀が出ると，偶然に⚀が出たのだと思います．けれども，本当は，サイコロが私の手を離れた瞬間に，どの目が出るかが決まっていたのです．

基 礎 編

なぜ ⊡ がでたのだろうか

サイコロが私の手を離れたときの高さ，角度，速度などが正確にわかっていて，机の上に落ちるまでの空気の抵抗や，机の上に落ちてからのバウンドのしかたを，たんねんに計算してやれば，サイコロのどの目が出るかは，ちゃんと計算できるはずだからです．それにもかかわらず，サイコロの1の目が出たのが偶然だといって，片付けられてしまうには，それ相当の理由がありそうです．サイコロが私の手を離れる瞬間の高さや角度や速度を正確にコントロールしたり測定したりすることは，簡単にはできそうもありません．サイコロは机の上に落ちるまでに，何回か回転するかもしれませんが，そういう状態で受ける空気の

I 確率と人生

抵抗を正確に計算することも容易なわざではありません．サイコロが机の上に落ちてから，どうバウンドするかを計算することは，机の表面には固さのむらもあることだし，実際問題として非常に困難です．そうすると，理論的には，サイコロの運動は計算できるはずであり，どの目が出るかを予測できるはずであっても，実際問題としては，それに影響することがらが複雑すぎて，とても予測なんかできない，というのが現実の姿です．コンピュータは，このようなめんどうな計算をなんとかこなして，サイコロの目を予測してくれるかもしれません．しかし，サイコロを振るときの私の手の運びは，私の気持ちのハッスルのぐあいや腹のへりぐあいなど，もろもろの条件で異なってきますし，いくらコンピュータでも，気持ちのハッスルのぐあいまで考慮に入れて計算をすることは，できない相談です．もし，それができるとしても，私の気持ちをハッスルさせたかずかずの原因や，そのまた原因までが，サイコロの目の出かたに関係するのですから，サイコロの目を予測するということは，絶対にできないと考えて割り切ってしまうほうが，へんなすじみちで理くつを通そうとするよりも，よっぽど素直で現実的でしょう．

このように，因果応報のすじみちを追跡しようとしても，要因があまりにも複雑すぎて，必然性を見いだすことができず，起り方がまったくでたらめであると考えられる「いろいろ」の一団を私達は偶然と呼んで片付けています．

こう書いてくると，私達は，私達の知恵が足りないためにすじみちの説明がつかない多くのことを，偶然だといって逃げているように思えます．残念ですが，そのとおりではないでしょうか．文明人にとっては，日食は何十年も何百年も前から計算で予測できることなのです

が，昔の人達にとっては，偶然としか考えられないでしょうし，もっとおお昔の人達にとっては，3に9をたしたら12になることだって，偶然と感じられるかもしれません．隣の家の犬が，うちの庭にはいってきて用便をするので，「こらっ」とどなると，気の毒にも跳んで逃げて行きます．彼女にとっては，不運なことに，用便の最中に'偶然'どなられたのでしょう．

「風が吹くと桶屋がもうかる」という論法があります．風が吹く——ほこりがたつ——ほこりが目にはいる——目を痛めた人は，あんまになって，しゃみせんを弾く——しゃみせんがたくさん必要になる——しゃみせんには猫の皮を張るので，猫がたくさん殺される——猫が減る——ねずみが増える——ねずみは桶をかじる——桶がたくさん売れる——桶屋がもうかる，という順序だったと記憶しています．これが，この世のできごとは思わぬところに因果がめぐっているのだ，という教訓なのか，そんな無茶な理くつがあるものか，というやゆなのか，浅学にして，私は知りません．しかし，風が吹いて桶屋がもうかるかどうかは別としても，この世のからくりは，あまりにも複雑で，ちっぽけな人間の頭脳では，それらの因果関係のほんの一部しかわかっていないのが事実ではないでしょうか．

そうであれば，未開な生物'人間'にとって，偶然と呼ばれるものがわんさとあっても少しも不思議ではありません．サイコロをふって・が出るのが偶然であるのと同じように，きのう街角でばったりと10年前の恋人に逢ったのも偶然ですし，公営住宅の募集に彼が当選し私が落選したのも偶然ですし，私が女でなく男に生まれたことだって偶然です．このように，偶然は，非常にこまごまとした日常生活から，ときにはまったく致命的と思われる重要なことがらまで，ぎっしりと私

それでは，今後，急速なピッチで自然科学や社会科学が進歩して，物理現象や社会現象のすじみちを解明してくれるにつれて，'偶然'は減少していくものなのでしょうか．どうも，世の中はそれほどあまくはないもようです．たくさんの偉い先生方の努力の結果，やっと1つのものごとのすじみちが明らかになったころには，別のところで，もっとやっかいな'偶然'が2つも3つも出現してしまうのではないでしょうか．日食や月食のすじみちが，解明された頃には，原子核構造のなりたちにもっと手ごわい不明さが見いだされてきたというようなものです．人間の知恵と偶然のいたちごっこは，未来永劫に続くように，私には思われます．

　しかも，始末の悪いことに，ことがらのすじみちがわかっているなら，すじみちに変更を加えることによって，ことがらの起り方を自分の都合のよいように変えることができるのですが，すじみちがわからない偶然のできごとに対しては，それを変えさせることができません．列車の発車の時刻がわかっていれば，家を出る時刻を調節して駅で長く待たなくてすむようにできますが，列車がでたらめに発車するのでは，駅で待つ時間がときとして長くなることを防ぎようがない，ようなものです．身の回りをぎっしりと偶然に取り囲まれていながら，それを自分の都合のいいように変えることができないとなると，私達の人生は偶然に支配されていると考えなくてはならないでしょう．まことに残念ではありますが．

偶然には確率で対抗しよう

　人生は偶然に支配されていると書きました．しかし万物の霊長たる私達が，このような得体のしれないものに支配されっぱなしでよいわけがありません．なんとか一矢をむくいたいものです．私達の偉大な祖先は，かなわぬながら一矢をむくいようと，偶然に対してけなげな戦いを挑み続けました．

　その戦いの1つの戦法は，もちろん，偶然とみなされていたことがらのすじみちを解明することです．この戦法は，ある分野では，かずかずのめざましい戦果をあげました．お湯がふっとうすると，湯わかしのふたがことことと持ち上がる'偶然'のすじみちを解明して，蒸気機関を作り，たこに雷が落ちる'偶然'を降服させて，はなばなしい電気文明を作り出しました．現代の英雄たちも，ガン細胞が発生する'偶然'を解き明して，ガンの悲劇から人類を解放しようとするなど，かず多くの分野で'偶然'に戦いを挑み続けています．

　しかしながら，偶然に対する正面攻撃のこの戦法では，ほとんどまったく何の戦果も上げ得なかった戦線も少なくありません．たとえば，いまころがしたサイコロは，何で・が出たのだろう，というどうでもよいようなことから，A氏は不運にも飛行機事故で死亡したけれど，それはなぜだろう，というようなA氏にとっては致命的な問題まで，いまでも'偶然'として片付けられている数多くのことがらです．

　このような，正面攻撃では効果のないことがらに対して先人達は，側面から攻撃をする知恵を持っていました．それは'偶然'の出現するすじみちを，むりやりに解明しようとするのではなく，偶然そのも

偶然を側面から攻撃する

のの性質を明らかにしようとする戦法です．偶然といわれるものごとの中にある規則性を見いだし，偶然に対処する方法を考案しようというわけです．これが確率論といわれる方法です．

　この戦法は，私達が偶然に囲まれたこの世の中を生きていくうえで，非常に役にたちます．役にたつ実例は，すぐにも身の回りに現われてくるでしょう．たとえば，公営住宅の申し込みか何かで，片方は，当選率が1/5だけど1回しかチャンスがなく，他方では，当選率は1/10だけどチャンスが2回ある，ということがあったとします．どちらを選ぶかは，確率の考え方を知らない人にとっては，単に，好き嫌いの問題です．しかし，確率計算のできる人にとっては，少しの差ではあるけれども1/5のほうを選ぶほうが当選率は有利であることがわかります．この1回限りでは，ひょっとすると，有利なほうを選んだ人が落選し，不利なほうを選んだ人が当選するというぐあいの悪い結果が出るかもしれません．しかし，一生のうちに何百回とあるこまごまとした選択のチャンスに，いつも確率的に有利なほうをねらう人と，どうでもいいや，という人とでは，長い間にかなり決定的に差がついてしまうことを，確率論は教えています．

　ただ，一つだけお断わりしたいことがあります．確率論というのは，偶然といわれるでたらめさの中に見いだした規則性の上に，理くつが成り立っています．そのためには，数多くのでたらめさを，でたらめさの集団として眺めることが必要です．個々の偶然は，それこそ，でたらめであって，1つの偶然の中には規則性はありませんし，その規則性を追求する正面攻撃は，いまはあきらめているのです．ですから，たとえば，日本人は3人に1人の割でガンで死亡する，ということが確率論の対象であって，なぜ，私がその不運な1人になってしまった

のだろうか，という疑問には，確率論は何もお答えできないのです．それは，むしろ現段階では，哲学や宗教におまかせしなければなりません．

企業と確率

　確率論は，偶然の集団の中にある規則性の上に成り立っています．ということは，多数の偶然を「まとめてめんどうみる」場合に確率論は威力を発揮するということです．偶然がたばになって現われるのはどんなところでしょうか．まず第一は，偶然を利用したいろいろな遊びです．トランプにしても，サイコロにしても，マージャンでも，あるいはかけの対象となるいくつかのスポーツの場合でも，古今東西を通じて確率論の絶好のひのき舞台です．

　しかし，確率論は遊びのためにだけ発達したわけではありません．むしろ，近代では，もっと生産的な分野に役だつために，めざましい進歩をとげてきました．幸いなことに，企業のような社会で取り扱う問題には，個々の小さな偶然を個別に扱うよりは，偶然をたばにして取り扱うほうが便利な問題がたくさんあります．たとえば，大量生産されている製品の仕上り寸法が，公称値より偶然に5ミクロン大きくできてしまったとか，3ミクロン小さくなってしまったとかいうことを個別に問題にしていたのでは，まるで能率が上がらなくて，はげしい企業間の生存競争に勝ち抜いていくことはできません．そういうときには，偶然に生じた誤差などは，十ばひとからげで取り扱ってしまうほうが，はるかに能率的で，よい結果が得られます．また，たとえば，偶然にたくさんの客が集まって商品がよく売れる日と，そうではない

日とがある場合に，在庫品をどれだけ置いておくのが，もっとも利じゅんが大きいだろうか，というような問題も，確率論にとっては「おれの出番だ」というわけです．

本当をいうと，企業ばかりでなく，社会を対象とした問題にもっとも有利に対処するための方法を教えてくれるのは，統計論といわれる分野なのです．統計論は，確率論の兄貴分のようなものですが，この兄貴は，弟分の確率論の上にどっしりとあぐらをかいております．弟分の確率論なしでは，統計論は存在し得ません．

現代社会では，たくさんの新しい管理技術が縦横に使われるようになりました．いわく，SE(システムズ・エンジニヤリング)，IE(インダストリアル・エンジニヤリング)，OR(オペレーションズ・リサーチ)，品質管理，信頼性工学，エトセトラ，エトセトラ………．これらのほとんどは，近代統計学の急速な進歩につれて——コンピュータの発達も重要な要素ですが——いっせいに花咲き，企業間の競争は，どれだけ，これらの新しい手法を有効に駆使できるかで決まるのではないか，と思われるほどです．そして，その基礎は確率論．だいぶ，手前みそなすじがきになりましたけれども，これからの社会人にとっては，確率の知識は，たし算，ひき算などと同じ程度に必要な素養の一つではないでしょうか．

II. 確率とは？

ラプラスの確率

　偶然のできごとには，非常にしばしば起こるものも，めったに起こらないものもあります．サイコロをころがしたとき⚀が出ることは，別に珍しいことではなく，しばしばお目にかかれる偶然です．1組52枚のトランプから，でたらめに1枚のカードを抜き出したとき，それが偶然に♡の$\overset{\text{クイーン}}{Q}$であることは，そんなにしばしば起こる偶然ではありませんが，あっても不思議には感じないでしょう．この部屋の中には，たくさんのそれこそ無数の酸素の分子と窒素の分子が，ほとんど何にも束ばくされないで自由気ままにとび回っています．互いに何の干渉も受けずにかってにとび回っているのですから，偶然に，分子の全部が部屋の上半分に集まることがあっても，おかしくはないはずです．つまり，部屋の上半分が2気圧になり，下半分が真空になってしまうわけです．そうなったら，安ぶしんの私の部屋は，畳は宙に舞い上

がり，天井は抜けてすっとび，ずいぶんとおもしろいことでしょう．しかしこういう偶然は，まだだれも経験したことはないし，よほど長生きしても，そのようなチャンスにぶつかることは，まずなさそうです．

このように，偶然の起こりやすさには，非常に起こりやすいものから，めったに起こらないものまで，いろいろな程度があります．そこで，'偶然'に対する側面攻撃の第一歩は，偶然の起こりやすさに対する正しい認識からはじまります．起こりやすさの程度を測るものさしとして私達は確率という概念を作り出しました．起こりやすいほど確率が大きいといい，起こりにくいほど確率が小さい，というように表現するのです．

それでは，「起こりやすさ」の大小を定量的に表現するための'確率'という言葉の意味を調べてみることにします．数学の専門家に言わせると，確率の定義はたいへんにむずかしくて，聞いているうちにだんだんとわからなくなってしまいます．厳密には，たしかに，そのように言わないと学問的でないのでしょうが，私達一般庶民は，もっと簡単に割り切ってしまってよいと思うのです．そこで，少々古典的ではありますが，ラプラス(1749～1827)という人の考え方にしたがって，確率の定義を理解していくことにします．

知恵のない数学の先生が，確率の講義できっとそうするように，トランプの例を引用することをお許しください．52枚で1組のトランプを心ゆくまで十分にきります．そして，その中から1枚を抜き取ります．さあ，その1枚は何でしょうか．♠のAかもしれないし，◇の2かもしれません．あるいは♣の5かも，♡のQかもしれません．まったく予測することができないのです．わかっていることは，52枚の異なっ

たカードのどれもが抜き出されている可能性をもっているということです.

それから,もう一つ,重要なことがあります.52枚のどのカードも,抜き出されるチャンスは公平であって,いま抜き出した1枚のカードが♠のAである可能性も◊の2である可能性も,♣の5である可能性も,それからほかの特定のどのカードである可能性も全部が等しい,ということです.何故そんなことが言えるのだ,と疑問に思われた方も多いと思います.ごもっともです.♠のAと◊の2とが絶対に同じ可能性で抜き出されるはずだ,とだれが証明できるでしょうか.そんなことは,神のみぞ知る,です.しかし,そこまで疑いはじめると話が先へ進みません.このことについては,あとでもう少し詳しくお話しするつもりですが,ここでは,目をつぶって,52枚のカードのうち,どの1枚が抜き出される可能性も,まったく等しいと,信じこんでください.また,それが常識というものです.そうすると,52枚のトランプから1枚を抜き出したとき,起こりうるケースは52あって,その52のケースはそれぞれまったく等しい可能性を持っている,ということになります.

さて,つぎに,抜き出された1枚のカードが「♡である」ということを期待してみることにします.「♡である」ということがらが満足されるためには,抜き出されたカードが♡のA, K, Q, J, 10,……, 3, 2のどれかでなければなりません.すなわ

♥であるのは13ケース

ち，52のケースのうち「♡である」ということがらが満足されるケースは13あるわけです．

こういう考え方にたって，ラプラスは確率をつぎのように定義しています．ある試みをしたとき，起こりうるケースの数が N 個であって，その N 個のケースは，まったく同じ可能性で起こりうるものと信ずることができるとします．この N 個のケースのうち，R 個が，われわれの期待することがらを満足するとき，そのことがらの起こる確率を

$$\frac{R}{N}$$

である，と定義します．

たとえば，1組52枚のトランプから1枚を抜き取るという試みをしたとき，起こりうるケースの数 N は52であって，そのうち，「♡である」ということがらを満足するケースの数 R は13ですから，「♡である」ということがらの起こる確率は

$$\frac{13}{52}=\frac{1}{4}$$

である，と約束したことになります．「♡である，ということがらの起こる確率は……」という表現はまわりくどいので，ふつうは簡単に「♡である確率は……」といってさしつかえありません．ラプラスの定義のしかたによれば1組のトランプから1枚のカードを抜き出したとき，それが，♠のAである確率は，♠のAであることが満足されるケースは1つだけなので

$$\frac{1}{52}$$

また，種類には おかまいなく K である という確率は，K が 4 枚あるので

$$\frac{4}{52}=\frac{1}{13}$$

というように，すなおに計算することができます．

確 率 の 性 質

このように定義された確率は，つぎのような性質を持っています．私達の期待することがらがまったく起こる可能性がないときには，確率は 0 です．1 組のトランプから 1 枚のカードを取り出したとき，それがマージャンのパイパンであったり，花札の山坊主であったりする可能性はありません．そのようなことがらを満足するケースの数は 0 ですから，確率は

$$\frac{0}{52}=0$$

です．一方，私達の期待することがらが必ず起こるなら，確率は 1 です．1 組のトランプから 1 枚のカードを取り出して，それがトランプのカードである確率は 1 です．

$$\frac{52}{52}=1$$

の場合であることは，お察しのとおりです．確率は必ず 0 から 1 までの間の値であって，マイナスになったり，1 よりも大きい値になることは，こんりんざいありません．確率を計算してみたら，1.5 になった，というようなときは，考え方か計算かがまちがっていること，絶

対に保証つきです.

確率のもう一つの性質は,起こる可能性の大きさに比例するように確率の値が決められている,ということです. 1組のトランプから, 1枚のカードを取り出したとき,それが♡である確率は1/4であることは,すでに述べました. 一方,赤札(♡か◊)である確率は

$$\frac{13+13}{52} = \frac{1}{2}$$

です. これは,赤札(♡か◊)であるということがらが, ♡であるということがらの2倍の確率をもっていることを意味しています. 私達の経験から得た常識も赤札である可能性は♡である可能性のちょうど2倍である,ということに異議はありません. このように,私達の常識で, 2倍の可能性があれば確率の値も2倍に, 3倍の可能性と考えられるときには確率の値も3倍になるように,確率は定義されています.

このことは,あたりまえのようですが,ものごとの数学的な表わし方としては重要なことなのです. 2メートルは,たしかに, 1メートルを2つ並べた長さと同じですから,長さの表わし方については,物理的な長さに比例するように値が決められているといえます. そして,感覚的にも, 2メートルは1メートルの2倍だというのは,まったく合理的です. しかし,音の大きさの場合には少し事情が異なります. 私達の音に対する感じ方は,物理的な音の大きさ(音のエネルギー)には比例をしません. 物理的な音の大きさが10倍になって,やっと2倍ぐらいの大きさに感ずるのです. ですから,私達の感覚に比例をするように約束した音の大きさの表わし方(ホン)は,音の物理的な大きさとは比例をしておりません. たとえば, 1つで1ホンの音が出るブザ

Ⅱ 確率とは？

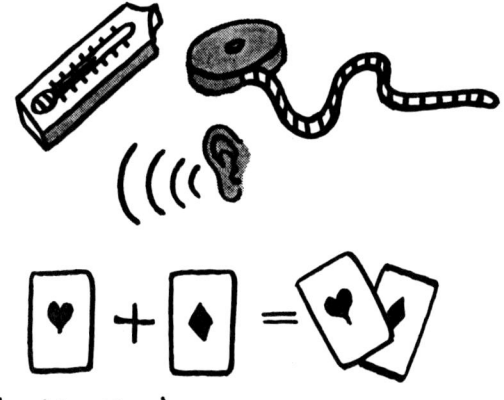

ものさしの決め方にはいろいろある

ーがあるとすると，10のブザーをいっしょに鳴らしたときの音の大きさが2ホンなのです．すなわち，音の大きさの値は，感覚には比例するけれども，物理的な量には比例をしておりません．温度の表わし方は，もう少し変わっています．40度のお湯は20度の水のちょうど2倍だけ熱いといえるでしょうか．何倍だけ熱いという感覚を私達は持っていませんから，温度の表わし方は，私達の感覚を対象としたものではなくて，物理的な状態を表わすある約束にしかすぎません．

　話がわき道へそれてしまいましたが，ものごとの数学的な表わし方のものさしにはいろいろな約束のしかたがあり，確率の約束のしかたは，実際に起こる可能性の大きさに正比例をするように値が定められている，ということをお話ししたかったのです．

ラプラスの考え方の応用

　ラプラスによる確率の定義のしかたは，非常に便利な考え方で，私達が日常生活で遭遇する確率の問題のほとんど全部に適用することができます．しかし，世の中にはひねくれた人がいて，ときどき妙な質問をしてすなおな人を苦しめるものです．その一例として，下の絵のように，白と赤にぬり分けた標的を回しておいて，それを矢で射たとき，矢が白い部分に命中する確率を考えてみましょう．標的は，90度の扇型を白くぬり，そのほかは赤くぬってあるものとします．矢で標

的を射るという試みをしたとき,起こりうるケースの数 N はいくらでしょうか.また,矢が標的の白い部分に命中する,ということがらを満足するケースの数はいくらでしょうか.起こりうるケースは,白に命中するか赤に命中するかの2つです.白に命中する,というケースは1つです.では,白に命中する確率は1/2なのでしょうか.とんでもありません.「白に命中する」ということと,「赤に命中する」という2つのケースの起こる可能性が同じだとは,とても信じられませんから,この場合にはラプラスの

$$\frac{R}{N} = \frac{1}{2}$$

という考え方は適用できません.白に命中する確率の答は,直感的におわかりのとおり1/4です.答はわかりきっているのにその理由をうまく説明できないのがしゃくの種です.

もう一つ,しゃくの種をご紹介しましょう.英語の大文字だけを使って書いた文章があるとします.この文章は,AからZまでの26種の文字と,単語の間のスペースで作られています.スペースも1つの文字と考えれば,27種の文字で文章がつづられていると考えることができます.いま,まったくでたらめに,英語の文章から1つの文字をつまみ上げたとき,それがAという文字である確率はいくらでしょうか.起こりうるケースは27あり,Aであるケースは1だから,その確率は1/27でしょうか.これもまちがいです.なぜならば,27のケースの起こりうる可能性は同じではないからです.

このような場合に,確率を定義するには,つぎのような考え方をします.ある試みをしたとき起こりうるケースは W, X, Y, Z の4ケースであるとしてみます. W, X, Y, Z が起こりうる可能性が同じな

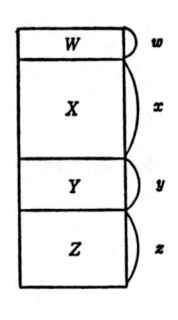

らば簡単です．ラプラスの定義のしかたで，これらの起こる確率は1/4ずつであることがわかります．ところが，W, X, Y, Z の起こりうる可能性が同じでないときには，そうはいきません．そのときには，W, X, Y, Z が相対的にどういう割合のひん度で起こるかを調べてみる必要があります．なんらかの理由によって，W, X, Y, Z の起こる可能性が

$$w : x : y : z$$

であると判断されたとします．そのときには

$$W \text{ の起こる確率} = \frac{w}{w+x+y+z}$$

$$X \text{ の起こる確率} = \frac{x}{w+x+y+z}$$

$$Y \text{ の起こる確率} = \frac{y}{w+x+y+z}$$

$$Z \text{ の起こる確率} = \frac{z}{w+x+y+z}$$

というように約束します．

この確率の定義のしかたは合理的です．W, X, Y, Z のそれぞれの起こる確率を全部加えてみてください．

$$\frac{w+x+y+z}{w+x+y+z} = 1$$

になります．ある試みをしたとき，W, X, Y, Z のどれかが必ず起こるのですから，その確率が1であることは当然です．また，もし相対的に x が y の2倍であるとすると，X の起こる確率は Y の起こ

る確率の2倍になりますから、確率の性質をよく満足しています。

この考え方によると、矢で標的を射る問題も、英文から文字をつまみ上げる問題も、よく説明がつきます。矢で標的を射る場合については、こうです。標的の赤い部分を右の図のように90°ずつに分けてみると、その1つは標的の白い部分と同じ形になります。矢が命中する可能性についてみれば、この4つの扇形について機会均等と信ずることができます。ということは、白い部分1に対して、相対的に赤い部分には3つの機会があると信じてよいことになります。そこで、いまの考え方にしたがえば

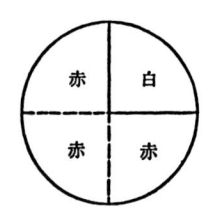

$$白い部分に命中する確率 = \frac{1}{1+3} = \frac{1}{4}$$

$$赤い部分に命中する確率 = \frac{3}{1+3} = \frac{3}{4}$$

と計算することができます。

英語の文章では、文学書とか科学書であるとかの文章の種類によって少し異なりますが、平均してみると、文字の使われる相対ひん度は次ページの表のようであることが知られています。この表は、何万ページもの英文を根気よく調べて作られたものですが、すでに

$$\frac{その文字が使われた回数}{文字の総数} = ひん度$$

として整理してあります。ですから、たとえばAのひん度0.0668は、そのまま英文の中からでたらめに1つの文字をつまみ上げたとき、それがAの文字である確率を表わしています。

英語の文字のひん度

順位	文字	ひん度	順位	文字	ひん度
1	スペース	0.1817	16	U	0.0201
2	E	0.1073	17	G	0.0163
3	T	0.0856	18	Y	0.0162
4	A	0.0668	19	P	0.0162
5	O	0.0654	20	W	0.0126
6	N	0.0581	21	B	0.0118
7	R	0.0559	22	V	0.0075
8	I	0.0519	23	K	0.0034
9	S	0.0499	24	X	0.0014
10	H	0.0431	25	J	0.0011
11	D	0.0310	26	Q	0.0010
12	L	0.0278	27	Z	0.0006
13	F	0.0239			
14	C	0.0226			
15	M	0.0208			

先験的確率と経験的確率

ラプラスの確率の定義をお話しするにあたって,「ある試みをしたとき,起こりうるケースの数が N 個あって,その N 個のケースは,まったく同じ可能性で起こりうるものと信ずることができるとします」という言葉があったのを思い出してください.「信ずることができる」とはいったいどういうことでしょうか. 52枚のトランプの1組から,1枚のカードを抜き出したとき,それが♠のAである可能性と◇の2である可能性とを比較してみるとします. ♠のAの可能性のほうが多いと信ずべき理由は何もありません. また, ◇の2のほうが多いと信ずる理由も何もないのです. 両方の可能性が同じだということを証明してみろ, といわれると, それは神ならぬ身の証明のしようもありません. けれども, 信ずるとすれば, 両方の可能性が同じだ, ということを信ずるのが最も抵抗が少ないようです. そう信じることにす

れば，ラプラスの定義によって♠のAが出る確率は1/52だと信じたことになります．

同じようなことが，サイコロの場合にもいえます．⚀のほうが⚁より出やすいということも，⚁のほうが出やすいということも，正しくないように思えます．やはり，⚀も⚁も同じ可能性で出る，と信ずるのがいちばんすなおなようです．そう信じさえすれば，⚀の出る確率も⚁の出る確率も 1/6 である，ということになります．また，さきほどの，矢で標的を射る問題についても，4つの 90°の扇形の，どれに矢が当たる可能性も同じだと信じたので，標的の白い部分に矢が当たる確率は1/4だという結論になったのです．

どの確率もみな同じ？

このようなことは，身のまわりにかなりたくさん見受けられます．10円玉を投げたとき表と裏の出る可能性は同じだろうということから，表の出る確率は1/2であるという結論を出したり，公営住宅の入居の申し込みが10倍であれば，彼が当たる可能性も私が当たる可能性も同じだと信じて，私が当選する確率は1/10だ，とするような確率に対する判断は，すべて同じく機会均等の考え方に立っています．

このように，試みてみるまでもなく，その可能性(確率といってもよいのですが)について，こう信ずるのが妥当だ，ということがわかっている場合，その確率を**先験的確率**といいます．経験するより先にわかっている確率という意味です．

これに対して，ためしてみないとわからない確率があります．たとえば，英文の中から，ひょいと1文字をつまみ上げたとき，それがAである確率，などというのがその一例です．その確率が0.0668だということが，やってみる前からわかるはずはありません．何万ページもの英文をまったく根気よく調べてくれた人がいたので，10,000字の中には668字ぐらいAの字があるのがふつうだということがわかっているのです．また，私がアメリカまで飛行機で旅行するとき，飛行機事故で死亡する確率がどのくらいあるだろうか，というようなことは，なんらかのデータがないと知ることはできません．そのデータは，たとえ，私達が経験したものでないにしても，人類のだれかが経験し，観察し，記録し，整理したものです．このように，人類のだれかが経験をし，その経験が異常なものではないと，多くの人達に認められた，という確率を，**経験的確率**と呼んでいます．

大数の法則

　10円玉を投げるとします．結果は，表が出るか裏が出るかの2とおりしかありません．偉い数学の先生についての笑い話があります．酒ずきの先生は，今日もまっすぐに家へ帰ろうか，それとも途中で軽く一ぱいだけやろうか，と思案中です．決心のつきかねた先生は，神のおぼしめしにしたがうことにしました．やおら，10円玉をとり出すと，机の上にころころところがしたのです．裏が出ました．先生は満足そうにほほえんで，なじみの大衆酒場に向かうことができました．先生は，「もし，表が出たら，残念だけど駅前のバーでウィスキーの水わりをやろう，裏だったら，しかたがないから酒場で飲もう，もし，ふち

II 確率とは？

で立ったら，しめたものだ，まっすぐに愛妻の待つわが家へ帰ろう」と決めていたのです．

10円玉がふちで立つこともあるかもしれませんが，いまは，表が出るか裏が出るかの2とおりしかないと考えていてください．1回だけ10円玉を投げれば出るのは表か裏かですが，2回続けて投げると

　　表　表…………表が2回
　　表　裏
　　裏　表　｝表と裏とが1回ずつ
　　裏　裏…………裏が2回

の4とおり出かたがあります．表と裏とが1回ずつ出てくれた場合についてみれば，2回投げたうち，表が1回出ているのですから，表の出る確率は1/2だということが実証されているようです．しかし，2回とも表が出てしまった場合についてみれば，2回とも表が出ているのに，表の出る確率が1/2だとは何ごとだ，事実に反するではないか，確率なんぞくそくらえだ，といわれそうです．それで，確率というものの本質的な性格について，少し説明をしなければなりません．

10円玉を今度は3回投げてみることにします．起こりうるケースは

　　表　表　表
　　表　表　裏
　　表　裏　表
　　表　裏　裏
　　裏　表　表
　　裏　表　裏
　　裏　裏　表
　　裏　裏　裏

の8ケースあります．表の出た回数に注目してみると

　　表が3回　　　1ケース
　　表が2回　　　3ケース
　　表が1回　　　3ケース
　　表が0回　　　1ケース

となります．表が出る確率は1/2だから，3回投げたら1.5回表が出るべきかもしれませんが，不幸にして，1.5回という回数は現実には存在しないのです．

もし，10円玉を投げる回数を4回にふやしたらどうなるでしょうか．起こりうるケースは

表	表	表	表	裏	表	表	表
表	表	表	裏	裏	表	表	裏
表	表	裏	表	裏	表	裏	表
表	表	裏	裏	裏	表	裏	裏
表	裏	表	表	裏	裏	表	表
表	裏	表	裏	裏	裏	表	裏
表	裏	裏	表	裏	裏	裏	表
表	裏	裏	裏	裏	裏	裏	裏

の16ケースあります．表の出た回数に注目してみると

　　表が4回　　　1ケース
　　表が3回　　　4ケース
　　表が2回　　　6ケース　計16ケース
　　表が1回　　　4ケース
　　表が0回　　　1ケース

となります．したがって，10円玉を4回投げたとき

II 確率とは？

表 が 4 回 出 る 確 率 は　　1/16
表 が 3 回 出 る 確 率 は　　4/16
表 が 2 回 出 る 確 率 は　　6/16
表 が 1 回 出 る 確 率 は　　4/16
表が1回も出ない確率は　　1/16

となります．10円玉を投げたとき表の出る確率は1/2だ，したがって，4回投げれば2回は表が出るはずだ，とりきんでみても，現実は，必ずしもそうではなく，表が1回のことも3回のこともあるし，1回も出ないことだってあるのです．しかし，いまの結果をよく観察してみると，いくらか満足を感じさせてくれそうな傾向が見られます．4回投げたとき，その1/2の2回だけ表が出ることが多いのです．そして，全部が表であったり，表が1回も出なかったりする確率は，それよりずっと少ないではありませんか．

この傾向は，10円玉を投げる回数をふやすにつれてますます著しくなってきます．たとえば，10円玉を8回投げる場合を考えてみましょう．その結果はつぎのようになります．

表 が 8 回 出 る 確 率　　0.004
表 が 7 回 出 る 確 率　　0.031
表 が 6 回 出 る 確 率　　0.109
表 が 5 回 出 る 確 率　　0.219
表 が 4 回 出 る 確 率　　0.274
表 が 3 回 出 る 確 率　　0.219
表 が 2 回 出 る 確 率　　0.109
表 が 1 回 出 る 確 率　　0.031
表が1回も出ない確率　　0.004

表の出る回数は投げた回数の1/2の4回が最も多く，3回や5回のこともけっして少なくはありませんが，表の出る回数が極端に多いことや少ないことは，めったに起こらないのだということがわかります．
10円玉を投げる回数をもっとふやして，50回，100回，200回にしたときの様子を計算して表にしてみました．この表は，起こりうるすべて

投げた回数 表が出た回数の%	50	100	200
~ 15	0.0		
15 ~ 25	0.1	0.0	
25 ~ 35	1.6	0.1	0.0
35 ~ 45	22.3	15.7	7.9
45 ~ 55	52.1	68.3	84.1
55 ~ 65	22.3	15.7	7.9
65 ~ 75	1.6	0.1	0.0
75 ~ 85	0.1	0.0	
85 ~	0.0		

のケースをいちいち書いて，確率を計算して作ったのではありません．何十回も投げる場合において，そんなことをしていては何日とかかってしまいます．投げる回数が2～30回ぐらいまでの確率計算のやり方については後で説明する予定ですが，投げる回数がもっと多いときには，その方法で計算してもたいへんな労力がいります．そのようなときには，確率論の兄貴分にあたる統計論というのを使って，ごちょごちょと計算をしてしまうのです．

　表を見てください．「表の出た回数の%」という欄は，10円玉を投げた回数(50, 100, 200)のうち，表の出た回数を%で表わしてあるという意味です．100回投げて35回表が出たときは，ちょうど35%なのですが，それは25～35の欄にはいるのか，35～45の欄にはいるのか，と

疑問に思われる方も少なくないと思います．両方の欄に合理的に割りふってあると考えておいてください．これを見ると，10円玉を投げる回数が多くなるにつれて，表の出る回数は投げた回数の 1/2，すなわち，50%の近辺に集中してくる有様がよくわかります．このように10円玉を投げる回数が多くなるにつれて，表の出る回数が投げた回数の 1/2 の付近に集中してきて，表の出る回数がそれよりも極端に多かったり少なかったりする確率は，ほとんどなくなっていきます．このような性質は，**確率の大数の法則**といわれ，確率の本質的な性格を表わすものです．

確率のもう一つの考え方

　念のために，硬貨をふって，表が出たか裏が出たかを根気よく記録してみました．その結果はつぎのとおりです．表を○，裏を×で書いてみます．

　　××○×××○○×× 　○○○×××○×××
　　○××××○○×× 　×○○○○○×○×○

以下略

はじめの10回では，3回しか○が出ませんでしたので，○の出た割合は 0.3，20回までをみると○が7回あって，その割合は 0.35，30回までの間には○が10回あり，その割合は 0.333，というように，500回までやってみました．ずいぶんと根気のよいこと！　その結果をグラフに描いてみました．横軸が硬貨を投げた回数，縦軸がその回数までに出た○の割合です．*グラフの中の2本の折線のうち，下の折線が，いまの実験です．*

基　礎　編

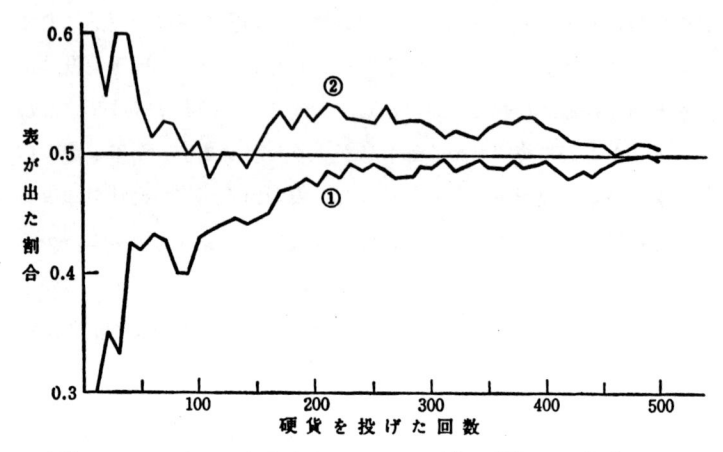

実験は1回だけでは心もとないので,再度,500回に挑戦し,その結果を描いたのが,上の折線です.

硬貨を投げたとき,表の出る確率は1/2だとだれでも思っています.そして,100回ぐらい硬貨を投げてみれば,多少は,偶然のいたずらがはいるとしても,○はだいたい50回ぐらいは出るだろう,というのが大かたの感じです.しかし,見てください.意外に偶然のいたずらは,しつこいようです.しかし,それでも,200回以上も硬貨を投げていると,さすがの偶然も,あほらしくなっていたずらをやめたとみえ,○の出た割合は,2回の実験とも,ほぼ0.5の付近に安定してきたようです.

そして,どんどん投げる回数をふやしていくと,○の割合はほぼ0.5の付近に落ち着きそうです.これが,前の節でお話しした確率の大数法則です.

ところで,グラフをもう一度見てください.2回の実験の結果を見ると,硬貨を投げる回数が大きくなるにつれて,○の割合はほぼ0.5

の付近に落ち着きそうですが、この実験だけでは、まだ、○の割合が厳密に 0.5 に落ち着くとは保証できないようです。ひょっとすると、0.5 ではなくて、それよりやや大きな値、たとえば0.502あたりに落ち着くのかもしれません。だいたい、先験的確率とか称して、硬貨の表が出る確率は1/2 だと決めてかかっていましたが、よく考えてみると、硬貨の表と裏とでは模様のほりも違うことだし、表と裏とが同じ確率で出るべきだと考えてはいけないのではないでしょうか。サイコロの場合だってそうです。ぜんぜんひずみがなくて6面ともまったく同じ立方体を作ることは至難のわざですし、第一、⚀と⚅では目の穴の容積が違います。そうすると、いったい、何を根拠に確率を定義したらよいのでしょうか。

近代の確率論では、つぎのように考えています。硬貨を投げる実験を、たった 500 回ばかりでなくて、もっとどんどんと回数をふやしていきながら、試みた回数(**試行回数**といいます)のうち、表が出た回数(目的のことがらが起こった回数を**生起回数**といいます)の占める割合をじっと観察します。そして、試行回数が無限にふえていったとき、生起回数の割合が落ち着いた値を、確率と定義してしまうことにします。これが近代確率論の'確率'の考え方です。

こういうものの考え方は、非常に厳密で、論理の構成としては興味があります。しかし、この本では、そこまで深入りする必要もありませんので、硬貨の表の出る確率は1/2、サイコロで⚀の出る確率は1/6 と割り切って前進することにしたいと思います。

サイコロに記憶はない

「サイコロをふったとき⚀が出る確率は 1/6 である」というのは、サ

イコロをふれば6回に1回は⚀が出ますよ，と保証しているのではけっしてありません．サイコロをふる回数をどんどんふやしていくにつれて，その回数の1/6よりも極端に異なった回数だけ⚀が出るということはほとんどなくなり，長い目で見れば，平均して6回に1回ぐらいの割合で⚀が出る公算が大きいですよ，と保証しているのです．そして，数学的には，サイコロをふる回数が無限に大きくなっていくにつれて，1の目の出る回数はふった回数の1/6に限りなく近づいていく，ということを意味しています．しつこいようですが，これが確率の大数法則です．

何でこんなにしつこく大数法則の話をくり返すのかといいますと，なまじ確率の知識があるために，陥りやすい錯覚について注意を喚起したいからです．サイコロをふったとき⚀が出る確率は1/6だということを私達は知っています．サイコロを5回ふったところ，一度も⚀が出ませんでした．いま，6回めをふろうとしています．「⚀の出る確率は1/6，すなわち6回に1回の割で⚀が出るのがふつうなのだから，今度は⚀が出そうなものだ」と，つい私達は思ってしまいます．

ところが，これは完全な誤解です．サイコロは，今までの5回のふりで，どんな目を出したかは覚えておりません．まったく新鮮な気持ちで6回めをころがるのです．したがって，サイコロにとって，過去の5回のころがりは，6回めの挙動に何の影響をも及ぼすことはできません．ですから，「今度は⚀が出そうなものだ」というのはまったくの錯覚にすぎず，今度⚀が出るチャンスは，⚁や⚂とまったく同じであるわけです．

Ⅱ 確率とは？

サイコロに記憶はない

クイズ

第1問 2つのサイコロをふったとき，両方のサイコロの目の合計が7である確率はいくらですか．あまりむずかしく考えないで，ラプラスと同じ程度に頭を使ってください．

第2問 1つのサイコロをふったとき⚄が出る確率と，2つのサイコロをふったとき目の合計が8になる確率とどちらが大きいでしょうか．

（答は☞ 312 ページ）

III. ことがらの性質

集　　合——それを小学生でも知っている——

　確率の計算のしかたにはいる前に，ことがらの性質を調べて，頭の中で整理しておく必要があります．なぜかといいますと，確率は，ことがらの起こり方について考えるのですから，ことがらの認識がまちがっていると確率もまちがって判断してしまうからです．たとえば，52枚で1組のトランプから1枚のカードを取り出したとき，それが♡かあるいは "Q"（イーン）である確率はいくらか，という問題について考えてみましょう．でたらめに取り出した1枚のカードが♡である確率は

$$\frac{13}{52}=\frac{1}{4}$$

です．一方，取り出したカードが Q である確率は

$$\frac{4}{52}=\frac{1}{13}$$

III ことがらの性質

です．それでは，♡かあるいは Q である確率は，この両方を加えて

$$\frac{13}{52}+\frac{4}{52}=\frac{17}{52}$$

としたものでしょうか．そうではありません．なぜなら，♡の Q は，♡であるということがらを成立させると同時に，Q であるということがらも成立させるので，♡ である確率と Q である確率の両方に，重複して計算されてしまっているからです．これは簡単な一例にすぎませんが，ことがらと，それらの組合せの性格を整理して理解しておかないと，誤った確率計算をすることがよくあります．そこで，確率計算の本論にはいる前に，ことがらの性質を整理しておこうというわけです．

ことがらのいろいろな組合せの有様は，**集合**というものの見方をすると，理解が正確で容易です．集合という言葉が現われたので，めんどうなものが出てきたな，と思われるかもしれませんが，そんなにめんどうなものではありません．集合の概念は，幼児教育の第１段階ですでに使用されています．小学校１年生あたりの教科書によく次ページのような絵が書いてあって，いくつかの質問がついています．

　　男の人は何人でしょうか

　　子供は何人でしょうか

　　女の子供は何人いますか

というような問題です．'男の人は'という考え方が，実はすでに集合の概念なのです．集合とは，ある性質や条件を共通に持っているもののグループをいいます．'男の人'という集合は，'男'という条件を共通に持つ人間の集団であって，そこでは大人であるとか小児であるとか，あるいは身長が高いとか，金持ちであるとかいった他の性質

は問題にされていません.'女の子供'という集合は,女であることと,子供であることの2つの条件によって定められた集合であるわけです.絵のよし子さんは,'男の人'という集合には属しておらず,'子供'という集合と'女の子供'という集合に属しています.このような集合に対する認識は,幼児教育の第一歩であると同時に,近代数学に欠くことのできない重要な基礎であるといわれています.

集合には,いろいろなものが考えられます.少し例をあげてみましょう.

　　自然数の集合
　　正の偶数の集合
　　2桁の自然数の集合

III ことがらの性質

負の整数の集合

三角形の集合

トランプの♡の集合

トランプの Q の集合

東京の女子高校生の集合

日本の女の集合

日本の有権者の集合

某工場から出荷される製品の集合

などは，みな集合であるといえます．自然数の集合は

  1, 2, 3, 4, ……

の無限個の値で構成されています．正の偶数の集合は

  2, 4, 6, 8, ……

のようにやはり無限個の値から成り立っていますが，それらの値は，すべて自然数の集合に含まれています．このように，ある集合の構成要素（これを，その集合の元(げん)と呼んでいます）が，他の集合にすっかり含まれているとき，正の偶数の集合は，自然数の集合に**含まれている**といい，正の偶数の集合は，自然数の集合の**部分集合**である，といっています．2桁の自然数の集合は

  10, 11, 12, ……, 98, 99

の90個の値で構成されています．この集合は，自然数の集合に含まれていますので，自然数の集合の部分集合であるといえます．また，正の偶数の集合と比べてみると，10, 12, 14, ……のように，互いに共通な元を持ってはいますが，互いに共通でない元もあります．また，負の整数の集合

  −1, −2, −3, ……

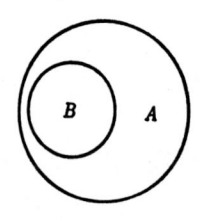

は，いままでの3つの集合とはまったく共通の元を持っておりません．

このように，いくつかの集合についてみると，共通の元からなる共通部分がないことも，あることもあり，また一方の集合が他方の集合に完全に含まれていることもあります．このような，集合の組合せの性質に注目して，それを数学的に取り扱っているのが，いわゆる集合論です．数学的に取り扱うときには，ふつうは集合を左図のように，A, B, C などの大文字で表わし，その元は a, b, c などの小文字で表わすのがしきたりになっています．

BはAに含まれている

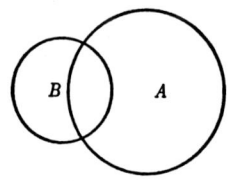

共通部分がある

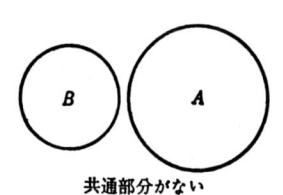

共通部分がない

事象の組合せ

さて，ここで集合の話を始めたのは，集合論の解説をしようとしているのではなくて，確率の計算に必要なことがらの性質の認識を整理していただこうと考えているからです．それで，内容は集合の場合と同じなのですが，確率の分野で使われる言葉で，ことがらの性質を整理してみることにします．

ことがらという言葉を確率のほうでは**事象**と呼ぶことになっています．ほんとうは，ちょっとだけ意味が違うのですが，私達はあまり細かいことは気にしないで，実用的な確率の概念をつかむことに専念す

Ⅲ ことがらの性質

ることにしましょう.

まず, 事象についてのいくつかの用語を覚えていただかなければなりません. 1組52枚のトランプから1枚のカードを取り出す場合を例にして, 説明することにします. 取り出されたカードは, 必ず♠♡◇♣のどれかです. また, A, K, Q, J, 10, ……, 3, 2 のどれか, と考えることもできます. 要するにトランプのカードです. このように起こりうるすべての事象の全体を**全事象**といいます. 全事象を数学の記号で表わすときには, Ω という文字を使います. Ω はギリシア文字で, オメガと読みます.

取り出されたカードが, 花札の山坊主であることはありえません. このようにけっして起こらない事象を考えたとき, それを**空事象**といっています. 空事象はϕという記号で表わすしきたりになっています. ϕはファイと読むギリシア文字です. 取り出したカードが♡であるという事象は, 全事象に含まれています. 図では, ♡であるという事象を H と書いてみました. これらの図では, すべて斜線の引いてある部分が考慮の対象であることを示しています.

つぎに, 取り出したカードが♡でない, ということを考慮の対象としてみましょう. これは, 取り出したカードが♠か◇か♣であるということで, 図でいえば, Hの部分以外の面積にほかなりません. これを H の**余事象**と呼んでいます. 数学の記号では, Hの余事象を

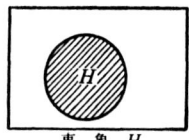

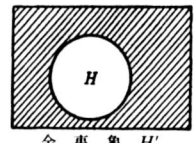

H^c または H'

で表わすことになっています. H の右肩についている c は余事象 (complementary event) の頭文字です. この本では H' のほうを使おうと思います.

今度は, ♡であるという事象 H と同時に, ♠であるという事象 S を考えてみることにします. 1枚のカードが♡であり, かつ♠であることはありえませんから, この2つの事象には共通の部分がありません. 共通部分のない2つの事象を**排反事象**と名づけ, 互いに排他的であるともいっています. いうなれば, ある試行で一方の事象が起これば, 他方はけっして起こらないという関係にある事象を排反事象というのです. サイコロをふったとき, 1の目が出ることと, 2の目が出ることとも明らかに排反事象です. しかし, 1の目が出ることと, 奇数の目が出ることとは排他的ではありません. 1の目が出たときには, 両方の事象が同時に成立してしまうのですから.

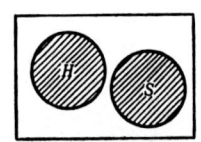

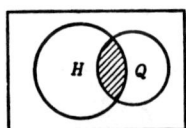

HとSとは排反事象

HでありQである $H \cap Q$

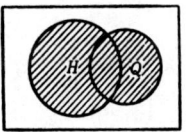

HもしくはQである $H \cup Q$

排他的という関係は事象がいくつあっても成り立つことがあります. たとえば, トランプの1枚のカードを取り出す試行では♠であるという事象, ♡であるという事象, ◇であるという事象, ♣であるという事象は, それぞれ, 互いに全部が排他的です. また, Qであるという事象, 10であるという事象, 7であるという事象なども, それぞれ, 互いに排反事象であることは, すぐになっとくがいきます.

III ことがらの性質

つぎに，共通部分のある事象の関係について調べてみます．トランプの例で，♡であるという事象 H と，Q(クイーン)であるという事象 Q とは，排他的ではなくて，共通部分を持っています．この共通部分は

　　　H であり Q である

ということで，数学の記号としては

　　　$H \cap Q$

で表わされます．$H \cap Q$ は，H と Q との**積事象**という名前で呼ばれています．トランプの例では，$H \cap Q$ に属するのは♡の Q だけであることは明瞭です．

一方，前ページの図のように H と Q の全域で表わされる事象は

　　　H もしくは Q である

という事象で，数学の記号としては

　　　$H \cup Q$

と書かれます．$H \cup Q$ は，H と Q の**和事象**といわれています．トランプの例では，$H \cup Q$ は13枚の♡と♠の Q，◇の Q および♣のQ の合計16枚のどれかが取り出される事象を意味しています．

2つ以上の事象の関係は

　　　……ではない　　　(not)　　 ′
　　　……であり……　　(and)　　 ∩
　　　……もしくは……　(or)　　　∪

の3つの言葉の組合せで表現できます．'であり'の記号∩は cap と呼ばれていますが，きっと帽子に似ているからでしょう．他方，'もしくは'の記号∪はコップに似ているので cup と読んでいます．∩と∪とは形が同じで上下が反対だけなので，慣れないうちは，どちらが'であり'で，どちらが'もしくは'だったか，すぐにわからなく

なってしまいます．記号の決め方としては，あまり上手とはいえないようです．前の図に見るように，∩のときは事象の範囲が狭くなり，∪のときは広くなるのが普通ですから，∩では水がこぼれてしまい，∪では水が一ぱいにたまるので，∩は狭くなるほう，∪は広くなるほう，とでもこじつけて覚えておいてください．

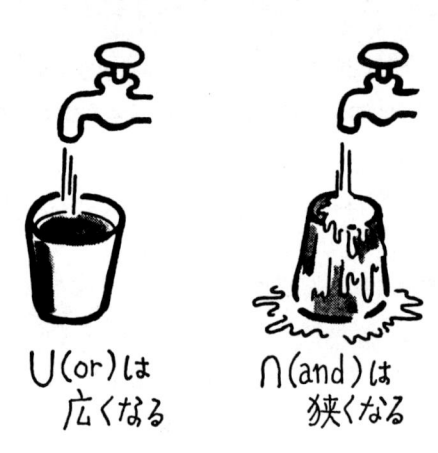

∪(or)は広くなる　　∩(and)は狭くなる

A と B とに共通部分がないとき，すなわち A の事象と B の事象とが同時に起こることがけっしてないとき，A と B とは排反事象といわれることは，すでに述べました．このことを記号を使って書いてみますと

　　$A \cap B = \phi$ のとき

　　A と B とは排反事象である

となります．ちょっとガクがありそうで，かっこいいではありませんか．

事象の演算

$H \cap Q$ は H と Q の積事象,$H \cup Q$ は H と Q の和事象といわれることはすでに述べました.それは,∩(……であり……)にはかけ算の機能があり,∪(……もしくは……)にはたし算の性質がみられるからです.普通の代数式で,たし算とかけ算の混じった関係式に分配法則というのがあります.

$(A+B)C = AC+BC$

という関係です.事象の間にも,これと同じような関係

$(A \cup B) \cap C = (A \cap C) \cup (B \cap C)$

(A もしくは B)であり C =(A であり C)もしくは(B であり C)

が成立します.図を見てください.式の左辺の $(A \cup B)$ は A と B と

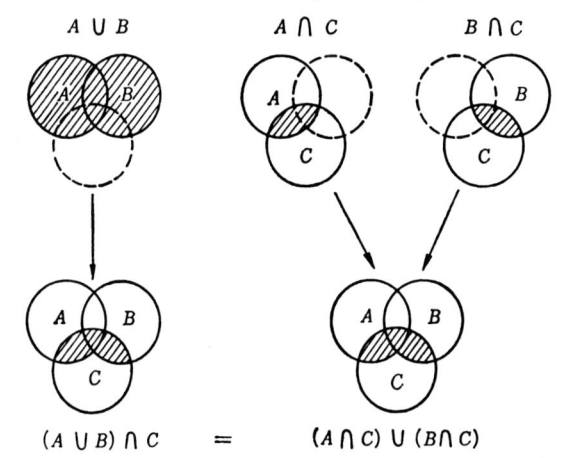

の全面積です.そして $(A \cup B) \cap C$ は,その全面積と C との共通部分を意味しますから,左下の図に斜線で示した面積になります.一

方，右辺の$(A \cap C)$はAとCの共通部分，$(B \cap C)$はBとCの共通部分であり，$(A \cap C) \cup (B \cap C)$はその2つの共通部分にまたがる全域ですから，右下の図の斜線部分で表わされます．左下と右下の図の斜線部分はまったく同じですので，この式が証明できたことになります．

代数の式では

$$(A \times B) + C = (A + C) \times (B + C)$$

というへんな関係は成立しませんが，事象の間には

$$(A \cap B) \cup C = (A \cup C) \cap (B \cup C)$$

（AでありB）もしくはC＝（AもしくはC）であり（BもしくはC）

という分配法則まで成立するのでおどろきです．この関係が成立することは，つぎの図のようにして確かめられます．

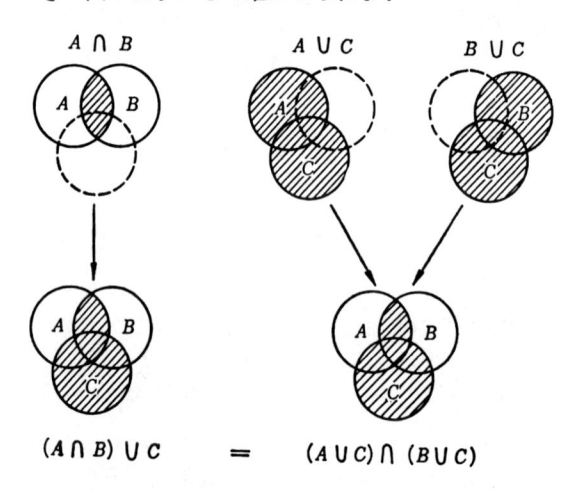

$$(A \cap B) \cup C \quad = \quad (A \cup C) \cap (B \cup C)$$

ド・モルガンの法則

事象の間の関係を，数学的に演算したり証明したりすることは，集

III ことがらの性質

合論の重要な仕事になっています．しかし，いまはそれに深入りするつもりはありませんので，最後に一つだけド・モルガンの法則というのをご紹介して終りにしたいと思います．ド・モルガンの法則はつぎの2つの式からなっています．

$$(A \cap B)' = A' \cup B'$$
$$(A \cup B)' = A' \cap B'$$

右肩の ' の記号は，余事象(……でない)を表わす約束だったことを思い出してください．ド・モルガンの法則は，(　)の右肩の ' を個々の文字につけると，∩と∪とが反対になるのだ，という法則です．

$(A \quad \cap \quad B)' \qquad = A' \qquad\qquad \cup \quad B'$

(AでありB)ではない＝(Aではない)もしくは(Bではない)

を図を使って確かめてみましょう．A' と B' から $A' \cup B'$ を作ると

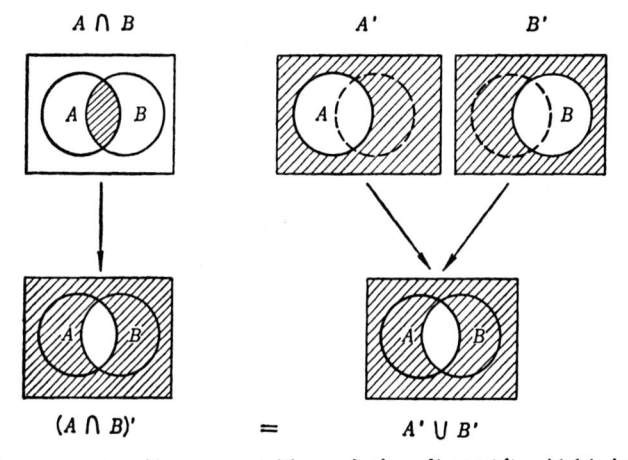

$A \cap B$ 　　　　　　　　A' 　　　　　B'

$(A \cap B)'$ 　　　＝　　　$A' \cup B'$

きが，ちょっとまぎらわしいと思いますが，A' は四角い紙（全事象）から A の円形を切り抜いてしまった残りの面積，B' は B の円形を切り抜いてしまった残りの面積であり，$A' \cup B'$ はこの2枚の四角い

紙のどちらかに紙面が残っていればよいのですから，この2枚の紙を重ね合わせて，むこうが見えない範囲であることを理解しておいてください．余事象という考えは，確率の計算に重要なのです．

ド・モルガンのもう一つの法則

$(A \cup B)' = A' \cap B'$

(AもしくはB)ではない＝(Aではない)であり(Bではない)

もまったく同様に，図形を使って確かめることができます．

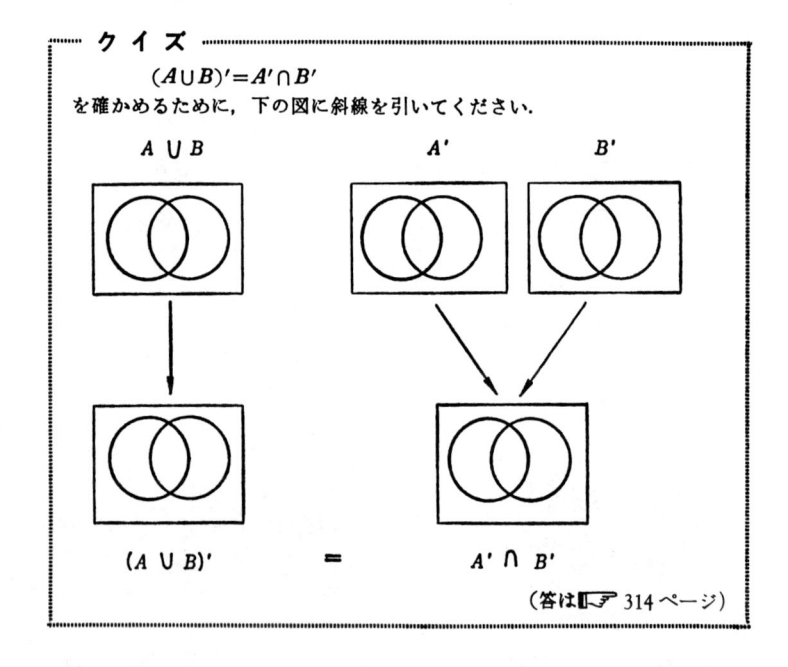

クイズ

$(A \cup B)' = A' \cap B'$

を確かめるために，下の図に斜線を引いてください．

$A \cup B$　　　　　　　A'　　　B'

$(A \cup B)'$　　＝　　$A' \cap B'$

（答は☞314ページ）

IV. 確率の計算のしかた

―― その1　簡単な場合 ――

起こるか,起こらないか,それが問題だ

全事象 Ω を図のように,A という事象と A の余事象 A' とに分けて考えてみましょう.これを,かっこよく書くと

$$\Omega = A + A'$$

となります.余計なおせっかいかもしれませんが,この式の A' は

$$\Omega = A \cup B$$

と書いたときの B とは意味が違います.後の式は,B に A と重複

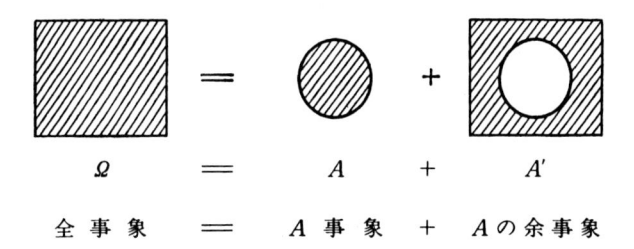

Ω	=	A	+	A'
全事象	=	A 事象	+	A の余事象

する部分があっても成立しますが，前の式の A' には A と重複する部分がありません．ですから，A' は B に含まれており，A と加え合わせて全事象 Ω を成立させるための最小ぎりぎりの範囲を示しています．

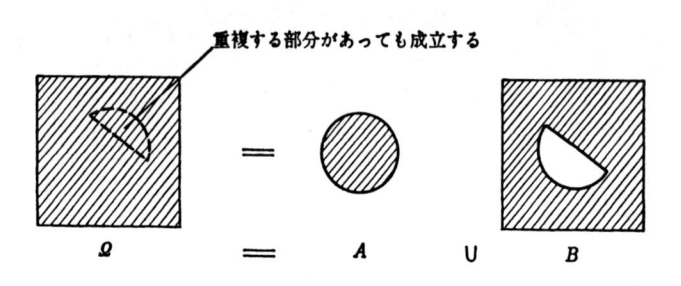

重複する部分があっても成立する

$$\Omega = A \cup B$$

さて，ある事象 A が起こる確率をこれからは

$$P(A)$$

と書くことにします．このような表わし方は，数学のほうでは常識のようになっていますので，そういうもんだ，と思い込んでください．そうすると

♡の出る確率は	$P(♡)$
3の目の出る確率は	$P(\boxdot)$
雨が降る確率は	$P(雨が降る)$
A の余事象の起こる確率は	$P(A')$
A または B が起こる確率は	$P(A \cup B)$
A であり B である事象が起こる確率は	$P(A \cap B)$

というように，わりに簡単に書くことができるので，慣れてしまえば便利なものです．P は Probability（確率）の頭文字であることは，いうにおよびますまい．こういう書き方をすると，全事象は，必ず起こ

るのですから

$$P(\Omega)=1$$

空事象は，けっして起こらないのですから

$$P(\phi)=0$$

また，ある事象 A が起こる確率は 0 と 1 の間にあるのですから

$$0 \leq P(A) \leq 1$$

と書くことができます．いかにも，確率論に一歩踏み込んだようで，ますます，かっこいいではありませんか．

ところで，最初の式

$$\Omega = A + A'$$

の両辺を，それぞれ確率に書き直してみると

$$P(\Omega) = P(A) + P(A')$$

となります．$P(\Omega)$ は，1 ですから

$$P(A) + P(A') = 1$$

と書くことができます．A の余事象が起こるということは，とりも直さず，A が起こらないということと同じですから，この式の意味は

A が起こる確率＋A が起こらない確率＝1

ということです．ちょっと書き直すと

A が起こる確率＝1－A が起こらない確率

となります．この関係は何でもないことのようですが，**相補定理**と呼ばれる重要な定理なのです．

例をあげると，トランプから 1 枚のカードを取り出したとき，それが♡である確率 $P(♡)$ と，♡でない確率 $P(♡でない)$ とを加えると 1 になるということです．たしかに

$$P(\heartsuit)=\frac{13}{52}=\frac{1}{4}$$

$$P(\heartsuit でない)=\frac{39}{52}=\frac{3}{4}$$

ですから

$$P(\heartsuit)+P(\heartsuit でない)=\frac{1}{4}+\frac{3}{4}=1$$

であって, 何のへんてつもないあたりまえのことなのです.

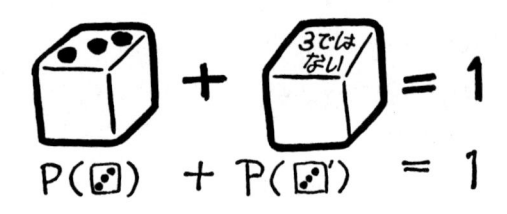

くどいようですが, もう一つの例をあげると, サイコロをふったとき, ⚃が出る確率 $P(⚃)$ と, ⚃が出ない確率 $P(⚃でない)$ との和は1になります.

$$P(⚃)+P(⚃でない)=\frac{1}{6}+\frac{5}{6}=1$$

というわけです.

なぜ, このようなあたりまえのことが, 相補定理などとむずかしい名前で呼ばれて, おおきな顔をしているかといいますと, 確率の計算をする都合上, A が起こる確率の計算はやけにむずかしいけれど, A が起こらない確率の計算は簡単だ, という場合や, その逆の場合がしばしばあるので, 簡単なほうの計算をして相補定理を利用すれば, 1からその確率を引くことによって, むずかしいほうの確率が容易に計算できるという事情があるからです.

一つの例として,「1組のトランプから10枚のカードを取り出したとき,その中に♡が1枚以上混ざっている確率」を計算しようとすると,なかなかめんどうです.♡が1枚でも,2枚でも,3枚の場合でもこの条件に合っているので,いろいろな場合を片っぱしから計算しなくてはならないでしょう.一方,この余事象は,「取り出した10枚の中に1枚も♡が混ざっていない」場合であって,この確率の計算なら比較的,らくにできます.

たし算でできる確率の計算

小学校の算数の計算が,たし算から始まるところをみると,計算の中では,たし算がいちばんやさしいもののようです.そこで,確率の計算の手はじめに,たし算だけでできる場合をご紹介することにします.

A と B の2つの事象があり,これらは排反事象であるとします.44ページに書かれていたように

$$A \cap B = \phi$$

です.このとき,「A または B が起こる確率」は,A の起こる確率と B の起こる確率を加えたものになります.覚えたての記号で書いてみましょう.

$A \cap B = \phi$ ならば

$$P(A \cup B) = P(A) + P(B)$$

これは,**加法定理**といわれる確率の重要な定理の一つです.

例をあげてみましょう.相も変わらずトランプの例で恐縮ですが,いろいろな例をあげるより,トランプで押し通したほうがわかりやす

いかとも思いますので……．

　1組のトランプから1枚のカードを取り出すとき，♡であることと，♠であることとは排反事象です．そこで，取り出された1枚のカードが♡か♠のどちらかである確率は，♡である確率と♠である確率とを加え合わせた値になります．すなわち

$$P(♡\cup♠)=P(♡)+P(♠)=\frac{1}{4}+\frac{1}{4}=\frac{1}{2}$$

というわけです．同様に，取り出されたカードが♡の$\overset{クイーン}{Q}$であるか，またはどの種類でもよいから$\overset{キング}{K}$である確率は

$$P(♡のQ\cup K)=P(♡のQ)+P(K)=\frac{1}{52}+\frac{4}{52}=\frac{5}{52}$$

と，計算されます．

　もう一つの例は，サイコロです．サイコロの目の出かたは互いに排反事象ですから

$$P(⚁\cup⚄)=P(⚁)+P(⚄)=\frac{1}{6}+\frac{1}{6}=\frac{1}{3}$$

また

$$P(⚁\cup偶数の目)=P(⚁)+P(偶数の目)=\frac{1}{6}+\frac{1}{2}=\frac{2}{3}$$

というように，たし算で確率が計算されます．

　ところが，取り出されたカードが♡であるか，またはどの種類でも

よいからKである確率は

$$P(\heartsuit \cup K) = P(\heartsuit) + P(K) = \frac{13}{52} + \frac{4}{52} = \frac{17}{52}$$

というのは，とんでもない誤りです．なぜならば，♡であることと，Kであることとは排反事象ではないからです．A と B とが排反事象でないとき，すなわち A と B とが共通部分 $A \cap B$ を持っているとき，A もしくは B の起こる確率は，つぎのように計算しなくてはなりません．

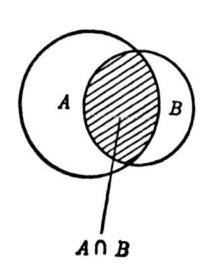

$$P(A \cup B) = P(A) + P(B) - P(A \cap B)$$

なぜならば，$P(A) + P(B)$ では，図からわかるように，共通部分はダブってかんじょうされてしまいますので，共通部分 $(A \cap B)$ の分だけ差し引いてやる必要があるからです．この式が加法定理の一般的な形であって，53ページで

$A \cap B = \phi$ ならば

$P(A \cup B) = P(A) + P(B)$

と書いたのは，$A \cap B = \phi$，すなわち，$P(A \cap B) = 0$ の特殊ケースであったわけです．

今の問題「取り出されたカードが♡もしくは，どの種類でもよいからKである確率」は

$$P(\heartsuit \cup K) = P(\heartsuit) + P(K) - P(\heartsuit \cap K)$$
$$= \frac{13}{52} + \frac{4}{52} - \frac{1}{52} = \frac{16}{52}$$

とするのが正解です．まず，♡である確率が13/52あり，つぎにKで

ある確率4/52を加えると，17/52となりますが，この中には'♡のK'の分が2回かんじょうされているので，その1回分を差し引いてやれば正解が求まる，というからくりです．

このように，加法定理が成り立つのは，2つの事象が排反事象である場合だけですから，この点にはくれぐれもご注意ください．

事象がそれぞれ互いに排反事象であるならば，事象は2つ以上いくつあっても加法定理は成り立ちます．トランプの例で，取り出したカードが♡か♠か◇のどれかである確率は，これらが互いに排反事象ですから

$$P(♡∪♠∪◇)=P(♡)+P(♠)+P(◇)=\frac{1}{4}+\frac{1}{4}+\frac{1}{4}=\frac{3}{4}$$

ということになります．

この性質は，確率というものの本質的な性質であって，現代の確率論では，逆にこの性質を持ち，0から1の間の値をとる確からしさを'確率'と定義をしているくらいです．すなわち，現代の確率論では確率を

$0 \leq P(A) \leq 1$

$B \cap C = \phi$　なら　$P(B \cup C) = P(B) + P(C)$

によって定義しています．

かけ算でできる確率の計算

いままでは，試行回数がただ1回であるときだけを考えてきました．しかし，私達の身の回りの確率的事象は，何回もの試行について考える必要があることが少なくありません．そのとき，試行の順序や

Ⅳ 確率の計算のしかた

回数によって，試行ごとの確率が変わらない場合と，変わってくる場合とがあります．例をあげてみましょう．サイコロをふるという試行は，何回やっても，各試行ごとに，1の目の出る確率は1/6であり，偶数の目の出る確率は1/2であって変わりはありません．1回めに，偶数の目が出たから，2回めは，奇数の目のほうが出やすいだろうというようなことは，けっしてないとは，すでに申し上げてあります．2回めの確率は，1回めがどうであろうとまったく関係ないのです．

1組のトランプから，1枚のカードを抜き取る試行では，最初の1枚が♡である確率は1/4です．そして，そのカードをもとに戻して，よくきってやれば，2回めもまた，1枚のカードを抜き取ったとき，それが♡である確率はやはり1/4で変わりはありません．そのカードをもとに戻してよくきってやれば，3回めの抜取りでもやはり♡である確率は1/4で，以下何べんやっても同じことです．前の回の抜取りが，♡であろうと♠であろうと，なんなら花札の山坊主であろうと，今回の抜取りで♡が現われる確率は，厳然として1/4であって，ゆるぎないのです．このように，何べん試みても，そのたびに，いつも同じ確率で事象が起こるような試行を**ベルヌーイの試行**などと呼んでいます．

次ページの図のように，いくつかの電球が並列に点灯されている場合を考えてみます．1つの電球が切れても，そのために，ほかの電球が切れやすくなったり，切れにくくなったりすることはなさそうです．ということは，1つの電球が切れても切れなくても，ほかの電球が切れる確率には無関係だということです．

このように，ある事象の起こる確率が，ほかの事象に影響されないとき，その事象を**独立事象**と呼びます．

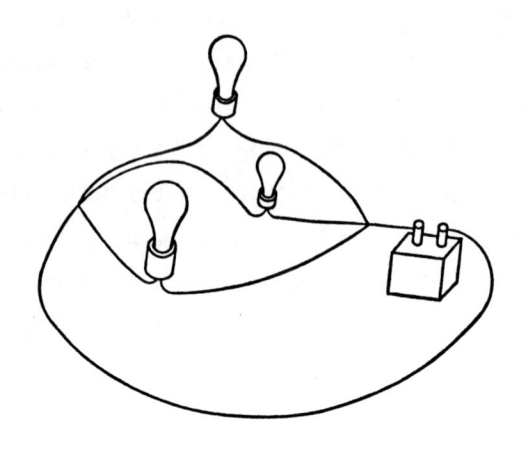

1組のトランプから1枚のカードを抜き取って、それをもとに戻さないで2回めの抜取りをする場合についてはどうでしょうか。1回めのときのカードが♡であるか否かによって、2回めが♡である確率は変わってきます。1枚めが♡なら残りは51枚で、その中に♡は12枚しかありませんから、2枚めが♡である確率は 12/51 です。1枚めが♡でなければ、残り51枚の中に♡が13枚ありますから、2枚めが♡である確率は 13/51 となります。

　　1枚めが ♡ なら　　2枚めが♡である確率は 12/51
　　1枚めが♡でなければ　2枚めが♡である確率は 13/51

このように、2回めの確率は、1回めの事象がなんであったかによって影響を受けます。こんなとき、2回目の事象は**従属事象**であるといわれ、その確率を**条件付き確率**と言っています。条件付き確率については、後にもう少し詳しく考えてみることにして、まず独立事象の問題だけを取り扱ってみることにします。

A と B とが互いに独立事象であれば、「A であり B である事象」

が起こる確率は，A の確率と B の確率とをかけ合わせた値になります．数学的に書くと，A と B とが互いに独立事象なら

$$P(A \cap B) = P(A) \cdot P(B)$$

の関係が成立します．この関係は**乗法定理**と呼ばれています．

何はともあれ，まずトランプの例といきましょう．1回めの抜取りの後は，必ずそのカードをもとに戻して，よくきってから，2回めの抜取りをすることにします．そうすると，1回めに抜き取られるカードの出かたと，2回めに抜き出されるカードの出かたとは独立事象です．1回めが♡であり，2回めも同じく♡である確率は

$$P(♡, ♡) = \frac{1}{4} \cdot \frac{1}{4} = \frac{1}{16}$$

1回めが♡であり，2回めが♠である確率は

$$P(♡, ♠) = \frac{1}{4} \cdot \frac{1}{4} = \frac{1}{16}$$

1回めが♡であり，2回めが♡でない確率は

$$P(♡, ♡') = \frac{1}{4} \cdot \frac{3}{4} = \frac{3}{16}$$

1回めが♡の Q であり，2回めがどの種類かの Q である確率は

$$P(♡の Q, Q) = \frac{1}{52} \cdot \frac{4}{52} = \frac{1}{676}$$

乗法定理は，事象が2つ以上いくつあっても，互いに独立でありさえすれば，成立します．

1回めが♠，2回めが♡，3回めが♢，4回めが♣である確率は

$$P(♠, ♡, ♢, ♣) = \frac{1}{4} \cdot \frac{1}{4} \cdot \frac{1}{4} \cdot \frac{1}{4} = \frac{1}{256}$$

1回めが♡, 2回めは♡でなく, 3回めはまた♡である確率は

$$P(♡,\ ♡',\ ♡) = \frac{1}{4} \cdot \frac{3}{4} \cdot \frac{1}{4} = \frac{3}{64}$$

というわけです.

独立事象の最も典型的な例は, サイコロです. サイコロを続けて2回ふったとしますと, 1回めが⚀, 2回めも⚀が出る確率は

$$P(⚀) \times P(⚀) = \frac{1}{36}$$

$$P(⚀,\ ⚀) = \frac{1}{6} \times \frac{1}{6} = \frac{1}{36}$$

1回めが⚀で2回めが⚄である確率は

$$P(⚀,\ ⚄) = \frac{1}{6} \times \frac{1}{6} = \frac{1}{36}$$

1回めが⚀で2回めが奇数の目である確率は

$$P(⚀,\ 奇数の目) = \frac{1}{6} \times \frac{1}{2} = \frac{1}{12}$$

というように簡単に計算できます.

ところで, サイコロを2回ふる場合, 1回めと2回めのサイコロが同一のものであっても, または, 別のサイコロであっても, サイコロがインチキでないかぎり, 目の出かたについては事情はまったく変わりません. さらに, 2つのサイコロを時間をおいてふっても, 同時に

ふっても状況はまったく同じです．ですから，2つのサイコロを同時にふったとき，両方とも⚁が出る確率は，これまでと同じように

$$P(⚁, ⚁) = \frac{1}{6} \times \frac{1}{6} = \frac{1}{36}$$

でよいのです．

ところがです．2つのサイコロを同時にふったとき，片方が⚀で，もう一方が⚄になる確率は1/36ではありません．なぜならば，2つのサイコロを同時にではなく，少し時間をおいてふることを考えてみてください．結果的に，片方のサイコロが⚀で，他方が⚄になるためには，先にふったほうが⚀で，あとでふったほうが⚄でもよいし，先にふったほうが⚄で，あとでふったほうが⚀でもよいのです．

すなわち，いままでの書き方によれば，「2つのサイコロを同時にふったとき，片方が⚀，他方が⚄になる」ことが成立する確率は

$$P(⚀, ⚄) = \frac{1}{6} \times \frac{1}{6} = \frac{1}{36}$$

$$P(⚄, ⚀) = \frac{1}{6} \times \frac{1}{6} = \frac{1}{36}$$

の両方を加算して1/18となります．このような場合については，つぎの章で詳しくお話しをするつもりなので，ここではひとまず，たなあげということにいたします．

条件付き確率

1組のトランプから1枚のカードを抜き取り，さらに続いて2枚めのカードを抜き取ると，2枚めのカードが♡である確率は，1枚めのカードが何であったかによって異なること，そしてこのように条件に

よって異なってくる確率は条件付き確率と呼ばれているということはすでに述べました。数学の記号では，A が起こったという条件のもとで，B という事象が起こる確率を

$$P(B \mid A)$$

と書きます。前に，ある事象の起こる確率が，ほかの事象に影響されないとき，その事象を独立事象と呼ぶ，と書きました。その意味は

$$P(B \mid A) = P(B)$$
$$P(A \mid B) = P(A)$$

ならば，A と B とは独立事象であるということです。B が起こったという条件下で A の起こる確率は，何の制限もなしに A が起こる確率と等しく，一方 A が起こったという条件下で B の起こる確率が，無条件で B の起こる確率に等しいのですから，A と B とは互いに何の影響も及ぼさないことは確かです。すなわち，まったく独立しているのです。

58ページで，1組のトランプから1枚のカードを抜き取り，引き続いて，2枚めのカードを抜き取ったとき，2枚めのカードが♡である確率は1枚めのカードが♡であるか否かによって変わってくるという例をあげました。それをこの記号を使って書くと

$$P(2枚めが♡ \mid 1枚めが♡) = \frac{12}{51}$$

$$P(2枚めが♡ \mid 1枚めが♡') = \frac{13}{51}$$

ということになります。

それでは，1枚めが♡で，かつ2枚めも♡である確率はいくらでしょうか。1枚めが♡である確率は1/4です。他の3/4は，2枚めを抜

き取ってみるまでもなく,ここで失格します.1枚めが♡であったとき,さらに2枚めを抜き取ってみますと,12/51 の確率で♡が現われます.したがって,1枚め,2枚めともに♡である確率は,1/4 のそのまた 12/51,すなわち

$$\frac{1}{4} \times \frac{12}{51} = \frac{3}{51}$$

となります.

このように,事象 B が A に従属していて,A が起こったという条件下で B の起こる確率が

$P(B \mid A)$

で書かれる一般の場合でも

$P(A \cap B) = P(A) \cdot P(B \mid A)$

という形で**乗法定理**が成立します.

$P(1枚めが♡で,かつ2枚めも♡)$
$= P(1枚めが♡) \cdot P(2枚めが♡ \mid 1枚めが♡)$
$= \dfrac{1}{4} \times \dfrac{12}{51} = \dfrac{3}{51}$

という式と比べてみてください.

59ページで,A と B が独立なら

$P(A \cap B) = P(A) \cdot P(B)$

という形で乗法定理を紹介したのは,A と B とが独立で

$P(B \mid A) = P(B)$

である特殊ケースであったわけです.

つぎに,「52枚1組のカードから,1枚のカードを抜き取り,それは見ないでおいて,続いて2枚めのカードを抜き取るとするとき,2

枚めのカードが♡である確率はいくらか」という問題を考えてみることにしましょう．ずいぶん，いわくありげな問題ですが，ひょいと気がつくと，「ナーンダ，つまらない，1枚めが何だろうと，2枚めだけに注目してみれば，それが♡である確率は1/4に決まっているじゃんか」です．ご明察のとおりで，それにケチをつけるつもりは毛頭ございません．ただ，ここでは1枚めのこともちゃんと考えたうえで，覚えたての条件付き確率を利用して，2枚めが♡である確率が1/4であることを説明してみようというのです．

2枚めが♡であるという事象は

　　1枚めが♡であって，2枚めが♡

　　1枚めが♡でなくて，2枚めが♡

という2つの事象が加算されたものです．したがって，2枚めが♡である確率はつぎのように計算されます．

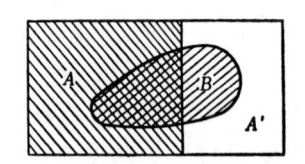

$$
\begin{aligned}
P(2\text{枚めが♡}) &= P(1\text{枚めが♡で，かつ2枚めも♡}) \\
&\quad + P(1\text{枚めが♡でなく，2枚めが♡}) \\
&= P(1\text{枚めが♡}) \cdot P(2\text{枚めが♡} \mid 1\text{枚めが♡}) \\
&\quad + P(1\text{枚めが♡}') \cdot P(2\text{枚めが♡} \mid 1\text{枚めが♡}') \\
&= \frac{1}{4} \times \frac{12}{51} + \frac{3}{4} \times \frac{13}{51} \\
&= \frac{12}{204} + \frac{39}{204} = \frac{51}{204} = \frac{1}{4}
\end{aligned}
$$

一般に，B が A に従属しているとき B の起こる確率は

$$P(B) = P(A) \cdot P(B \mid A) + P(A') \cdot P(B \mid A')$$

という形に書くことができます.右辺の第1項は,Aが起こってしかもBが起こる確率で,第2項は,Aが起こらなくてBが起こる確率になっています.

このような関係は,事象がいくつあっても同じことです.たとえば,右の図のようにDがA, B, Cに従属している場合に,Dが起こる確率は

　A が起こって D が起こる
　B が起こって D が起こる
　C が起こって D が起こる

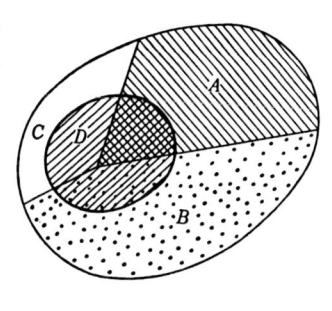

の3つのケースについて確率を計算して合計すれば求められます.すなわち

$$P(D)=P(A) \cdot P(D \mid A)$$
$$+P(B) \cdot P(D \mid B)+P(C) \cdot P(D \mid C)$$

ということになります.

具体的な例をあげてみましょう.次ページの絵のように3つのびんがあって,その中には黒いあめ玉と白いあめ玉が混ざってはいっています.猿を連れてきて,あめ玉を1個だけ取らせるのですが,びんの大きさが異なるので,猿がどのびんを選ぶかは,それぞれ確率が,びんの大きさの順に 0.5, 0.4, 0.1 であるものとします.猿が黒いあめ玉をつかみ出す確率はいくらでしょうか.

$$P(黒)=P(大びん) \cdot P(黒 \mid 大びん)$$
$$+P(中びん) \cdot P(黒 \mid 中びん)$$
$$+P(小びん) \cdot P(黒 \mid 小びん)$$
$$=0.5 \times 0.8+0.4 \times 0.5+0.1 \times 0.4$$

$$=0.4+0.2+0.04=0.64$$

となります．

原因を推定する

 猿が黒いあめ玉をつかみ取る確率を計算するのに夢中になって，ちょっと目を離したすきに，エテ公め，さっさとあめ玉をつかみ出して，しゃぶりはじめました．見ると黒いあめ玉です．さて，このあめ玉はどのびんから取り出されたのでしょうか．かけるとしたら，あなたはどのびんにかけますか．

 私なら，ちゅうちょなく大びんにかけます．その理由はこうです．

黒いあめ玉が取り出される確率を計算した式をみてください．黒いあめ玉の確率 0.64 の内訳は

　　大びんが選ばれて，そこから黒いあめ玉が出される確率 0.4
　　中びんが選ばれて，そこから黒いあめ玉が出される確率 0.2
　　小びんが選ばれて，そこから黒いあめ玉が出される確率 0.04

となっています．要するに

　　黒いあめ玉が大びんから出てくる確率 0.4
　　黒いあめ玉が中びんから出てくる確率 0.2
　　黒いあめ玉が小びんから出てくる確率 0.04

ということです．黒いあめ玉が取り出されたことを確認したいま，その出どころを推定するとすれば，大びん 0.4, 中びん 0.2, 小びん 0.04 の割合で可能性があると考えられます．したがって

$$あめ玉の出どころが大びんである確率 = \frac{0.4}{0.4+0.2+0.04}$$
$$= 0.625$$

$$あめ玉の出どころが中びんである確率 = \frac{0.2}{0.4+0.2+0.04}$$
$$= 0.3125$$

$$あめ玉の出どころが小びんである確率 = \frac{0.04}{0.4+0.2+0.04}$$
$$= 0.0625$$

となります．そうとわかれば，あめ玉の出どころは大びんであると推定するのが，いちばん当たる確率が大きく，小びんと推定するのが最もピンボケであることは一目りょう然です．

これを一般的に書くと，いま実際に B という事象が起こったとき，それが A_i に起因している確率は

$$\frac{P(A_i)\,P(B|A_i)}{P(A_1)\,P(B|A_1)+P(A_2)\,P(B|A_2)+\cdots\cdots+P(A_n)\,P(B|A_n)}$$

で表わされます. ただし, $A_1, \cdots\cdots, A_n$ は互いに排反事象であって, かつ

$$A_1 \cup A_2 \cup \cdots\cdots \cup A_n = \Omega\,(\text{全事象})$$

でなくてはいけません. これは, **ベイズの定理**と呼ばれています.

ベイズの定理を使って, 一つだけ例題をやってみましょう. 飛行機の故障をつぎの4つに分けてみます.

　　機体の故障

　　エンジンの故障

　　無線機などの故障

　　操縦の失敗

ある距離を飛ぶ間にこれらの故障が起こる確率と, その故障が起こったとき飛行機がつい落する確率は, つぎの表のとおりであるとしま

	故障が起こる確率	その故障が起こったとき飛行機がつい落する確率
機 体 の 故 障	0.002	0.25
エンジンの故障	0.002	0.30
無線機などの故障	0.010	0.01
操 縦 の 失 敗	0.001	0.90

す. 無線機などはよく故障をするけれども, 故障しても飛行機のつい落を招くようなことは少なく, これに反して, 操縦の失敗はめったに起こらないけれど, いったん起こると命取りになる可能性が非常に大きいということです. ある日, ある所で, 突然1機の飛行機がつい落しました. 深い海の中へ落ちてしまったので原因がさっぱりわかりま

IV 確率の計算のしかた

エンジンが悪かった確率は？

せん．エンジンの故障が原因でつい落した確率はどのくらいあるでしょうか．ベイズの定理によって計算してみると

$$\frac{0.002 \times 0.30}{0.002 \times 0.25 + 0.002 \times 0.30 + 0.010 \times 0.01 + 0.001 \times 0.90}$$

$$= \frac{0.0006}{0.0005 + 0.0006 + 0.0001 + 0.0009} = 0.285$$

となります．

飛行機の場合には，海の中へつい落して乗員が亡くなってしまったあとで，いくら原因を推定してみたところで亡くなった方は浮かばれませんが，工場の生産の流れの中で，不良品が発生したとき，不良品の出どころを追求したり，大きなプラントが故障したとき，まずどこから点検を開始すべきかを決定したりする場合には，ベイズの定理は，時として有力な手がかりを与えてくれることがあります．

ゆだんのならない'少なくとも'

「2個のサイコロを投げたとき、少なくとも1つの⚀が出る確率はいくらか」という問題を考えてみてください。2個のサイコロを投げたとき、⚀だけに着目すれば

　⚀が1つも出ない
　⚀が1つ出る
　⚀が2つ出る

の3つのケースがあります。このうちで、「少なくとも1つの⚀がある」という条件を満たすケースが2つあります。⚀が1つの場合と、⚀が2つの場合です。したがって、このような問題に対しては⚀が1つ出る確率だけを計算して、それが答だとすましていては不合格です。さらに、⚀が2つ出る確率を計算して加えてやらなければなりません。

同じように、「1組のトランプから20枚のカードを取り出したとき、♡が10枚以上含まれている確率」を計算するには

　♡が10枚含まれる確率
　♡が11枚含まれる確率
　♡が12枚含まれる確率
　♡が13枚含まれる確率

を、それぞれ計算して、加え合わせる必要があります。1組のトランプには♡は13枚しかありませんから、「♡が14枚含まれる確率」、……、「♡が20枚含まれる確率」まで計算する必要はありません。そういうのを「気がききすぎて間が抜ける」というのだと思います。

IV 確率の計算のしかた

このように,'少なくとも'とか'以上'という文字があったら,ゆだんをしてはなりません.概して,こういう問題は計算が少々めんどうです.ところで,世の中には,「少なくとも1つ以上」という種類の問題が意外に多いのです.

住宅がないために恋しい彼女と結婚できないA君は,今年も公営の安い賃貸住宅にせっせと申し込むつもりです.今年は募集が5回ある予定であり,各回の当選率は1/10であるとします.A君が今年中に当選する確率はどのくらいあるでしょうか.

これは,よく考えてみると,「確率0.1で起こる事象が,5回の試行のうち,1回以上起こる確率はいくらか」という問題に帰着します.実際問題としては,A君は何回めかの募集で当選すれば,それからあとの募集には申し込まないでしょうが,確率の問題としては,「5回とも申し込んで,1回以上当選する場合」と同じことです.

この確率をまともに計算するためには

　1回当選する確率
　2回当選する確率
　3回当選する確率
　4回当選する確率
　5回当選する確率

を全部計算して加え合わせる必要があります.この計算は,別にたいしてむずかしくはなく,次の章でたっぷりと楽しんでいただく予定になっていますが,しかしもっと簡単に計算する方法があります.

この章のはじめに,相補定理というのがあったことを思い出してください.

それが起こる確率＝1－それが起こらない確率

でありました．これを応用すれば

　　　1回以上当選する確率=1-1回も当選しない確率

となります．1回あたり当選する確率は 0.1 ですから，当選しない確率は 0.9 です．したがって5回の抽選で，1回も当選しない確率は，簡単なかけ算の問題です．

　　　1回も当選しない確率$=0.9 \times 0.9 \times 0.9 \times 0.9 \times 0.9$
　　　　　　　　　　　　$=0.9^5=0.59049 \fallingdotseq 0.59$

したがって

　　　1回以上当選する確率$=1-0.59=0.41$

となり，A君は，今年も結婚の夢は41％しか期待できないことになります．

いまは，5回の募集が5回とも 0.1 の当選率であるとしましたが，各回の当選率がそれぞれ，0.1, 0.15, 0.05, 0.18, 0.02 ならどうでしょうか．

　　　1回以上当選する確率
　　　$=1-(1-0.1)(1-0.15)(1-0.05)(1-0.18)(1-0.02)=0.416$

として計算することができます．

もう一つ，例題をやってみましょう．下の図のような水道の配管があって，A，B，C，Dの4つのバルブがあります．

バルブAが開いている確率を a

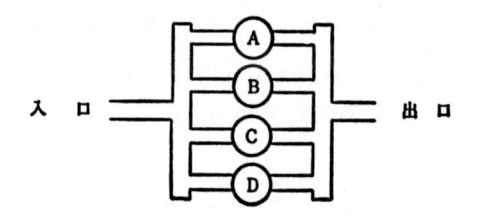

バルブBが開いている確率を **b**
バルブCが開いている確率を **c**
バルブDが開いている確率を **d**

とすると，水が入口から出口まで流れる確率はいくらですか．これも A，B，C，Dのうち，1つ以上が開いている確率はいくらか，という問題です．したがって，全部が閉じている確率を1から引いてやればよいことになります．

　　水が流れる確率＝$1-(1-a)(1-b)(1-c)(1-d)$

がこの問題の答です．

これを，Aだけが開いている確率，BとCが開いている確率，CとDとが開いている確率，AとCとDとが開いている確率，などを片っばしから計算して，それらをたし算していたのでは，めんどうでたまりません．

かけ算をたし算で代用する

住宅がないために恋人と結婚できないA君は，公営住宅の当選率が0.1なら，今年中の5回の申し込みで当選の確率が41%あるはずでした．ところで，戦争の災害から立ち上がったころの東京のように，住宅事情がきびしく，申し込みが30～50倍にも達して，1回あたりの当選確率が0.03とか0.02のような小さい値の場合には，少し異なった計算法が利用できます．このように小さい確率のときは，かけ算をたし算で代用することができるのです．

1回めの当選の確率が0.03，2回めは0.02であるとき，どちらかに当選する確率は，正確には

$$1-(1-0.03)(1-0.02)=0.0494$$

ですが,この値は

$$0.03+0.02=0.05$$

とあまり違いません.このくらいなら,めんどうな計算をするより,多少の誤差はあっても,暗算でできるたし算で代用してもよさそうです.

宝くじの1等は,数百万通に1枚しかないのがふつうです.したがって,1枚のくじが1等に当たる確率を0.0000003としてみます.くじを2枚買ったときみごとに1等をしとめる確率は

$$1-(1-0.0000003)(1-0.0000003)=0.00000059999991$$

ですが,これは0.0000003の2倍の0.0000006とみなしてもまったくさしつかえないような値です.6千万円で9円の違いがあるのと同じくらいの誤差なのですから,したがって,宝くじを3枚買えば,1等に当たる確率は0.0000009,5枚買えば0.0000015というように,たし算で簡単に計算できます.

このように,小さい確率を対象としているときには,それらの確率をたし合わせた値が「少なくとも1つ以上が起こる確率」とみなしてさしつかえありません.

これは数学的には,つぎのような理くつにもとづいています.p_1とp_2が小さいとき,そのどちらかの1つか,あるいは両方かが起こる確率 P は

$$P=1-(1-p_1)(1-p_2)$$

↑ p_1が起こらない確率
↑ p_2が起こらない確率
どちらも起こらない確率

で表わされます．この式を少し変形すると

$$P = 1-(1-p_1)(1-p_2) = 1-(1-p_1-p_2+p_1p_2)$$
$$= p_1+p_2-p_1p_2$$

ここで，p_1 と p_2 はともに小さい値ですから，その両方をかけ合わせた値 p_1p_2 は非常に小さい値となり，近似的な議論をするときには無視することができます．p_1p_2 が省略できるなら

$$P \fallingdotseq p_1+p_2$$

として計算してもよろしい，というしだいです．

双葉山の 69 連勝

私達が小学生の頃，双葉山という強い横綱が，子供達の人気を集めていました．いつ相手が立ち上がっても，がっしりと胸で受け止め，華れいな上手投げや，一直線の寄切りで敵をしとめる横綱ずもうは，そのたんれいな風ぼうと相まって，子供達にとっては神聖ささえ感じられました．その双葉山が69連勝を続けて，70連勝めに安芸の海というすもう取りに敗れたときには，私など，興奮して，その夜はなかなか寝付けなかったものでした．それから60年ぐらいの年月がたち，何人もの横綱が誕生しましたが，69連勝という記録はまだ破られておりません．そこで，69連勝というかがやかしい記録の持つ価値を，確率論の立場から考えてみたいと思います．

スポーツや碁，しょう棋などのように，運よりは実力がものをいう勝負では，勝てる確率は相手によって異なります．ある横綱が他の横綱や大関に対して9割というような高い勝率を上げるのは非常に困難でしょうが，平幕が相手なら，そのくらいの勝率を上げないと横綱は

つとまりません．しかし，勝てる確率が相手によって異なることまで考えに入れて連勝の確率を計算するのは，ちょっとめんどうなので，このことについては，あとで少し触れることにして，ここではどの相手に対しても勝つ確率が同じく p であるとして，連勝する確率を計算することにします．

1回の勝負に勝つ確率が p である人が，2回続けて勝つ確率 P_2 は

$$P_2 = p \cdot p = p^2$$

3回続けて勝つ確率 P_3 は

$$P_3 = p \cdot p \cdot p = p^3$$

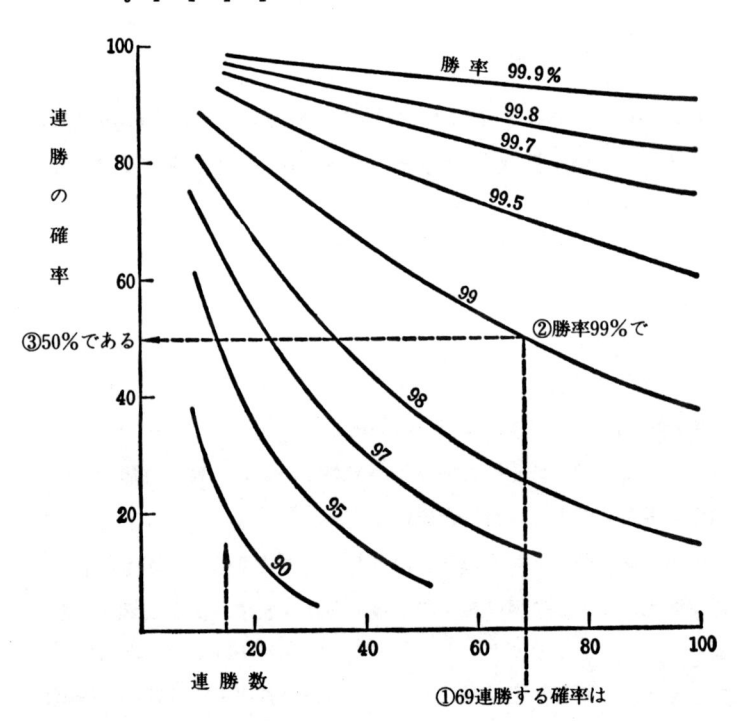

一般的に書くと，n 回続けて勝つ確率 P_n は

$$P_n = p^n$$

で表わされます．

1回の勝負で勝つ確率が p である人が n 連勝する確率 P_n を計算して図にかいてあります．図を見てください．破線の矢印にそっていきますと，①69連勝する確率は，②1回の勝負ごとに勝つ確率が99％の人で，③50％であるということがわかります．1回1回の勝負ごとに，99％という驚異的な確率で相手を倒せる人でさえ，69連勝はできるかできないかが五分五分だということです．勝率が97％という強い人でも，69連勝するチャンスは13％ぐらいしかなく，勝率が95％ぐらいの人では，69連勝はほとんど望みがないのです．

すもうは，1場所が15日ですが，この15日を全勝するということでさえ，かなりむずかしいことです．前の図からわかるように，勝率95％の人でさえ，全勝する確率は50％もないのですから．

これまでの計算では，どの相手に対しても p の確率で勝てるとしていたのですが，現実には相手によって勝てる確率が違うのがふつうです．そうすると，連勝はもっとむずかしくなります．たとえば，2人の相手に，ともに 0.8 の確率で勝てるなら，連勝できる確率は

$$0.8 \times 0.8 = 0.64$$

ですが，相手の1人には0.9，他の1人には0.7の確率で勝てるとすると，平均の勝率は前と同じく 0.8 ですが，連勝する確率は

$$0.9 \times 0.7 = 0.63$$

で前より少なくなります．

このことを一般的に書くと，つぎのようになります．勝てる確率が p である2人の相手に連勝する確率 P_2 は

$$P_2 = p^2$$

です.一方,相手の1人には $p+t$ の確率で勝つことができ,他の1人には $p-t$ の確率で勝てるなら,勝率は p ですが,2人に連勝する確率は

$$(p+t)(p-t) = p^2 - t^2$$

となり,連勝の確率は前の場合より t^2 だけ小さくなります.すなわち,相手の強さにむらがあればあるほど,連勝はむずかしいということになります.

連勝はむずかしい

Ⅳ 確率の計算のしかた

双葉山の69連勝が,いかにすばらしい偉業であるかがわかるではありませんか.

・・・・クイズ ・・・

第1問 (10秒で答えてください)サイコロをふったとき,⚀か奇数の目が出る確率はいくらですか.

第2問 10円玉1枚と,サイコロ1個とを同時にふりました.10円玉が表で,サイコロが⚀である確率はいくらですか.

第3問 52枚1組のトランプから10枚のカードを取り出したとき,その10枚の中に♠が混ざっていない確率を計算してください.暗算ではちょっとむりです.答を見て,考え方がまちがっていなければ満点としましょう.

(答は☞314ページ)

V. 確率の計算のしかた

——その2　ちょっと複雑な場合——

パスカルの三角形

前の章で，2つのサイコロをふるとき，両方とも⚀が出る確率は1/36であるのに，片方が⚀で他方が⚄である確率は，その2倍の1/18であるということに触れました．また，確率の大数の法則についてお話ししたときには，10円玉を4回投げると，表が2回出ることが一番多くて，表が1回も出なかったり，4回とも表が出たりする場合は比較的少ない，ということを説明しました．このサイコロの例と，10円玉の例とに共通なのは，ふった順序を無視して，結果だけに着目すれば

　　⚀ —— ⚄

　　⚄ —— ⚀

は同じ事象であり，同様に

表	表	裏	裏	
表	裏	表	裏	
表	裏	裏	表	⎫ 6ケース
裏	表	表	裏	
裏	表	裏	表	
裏	裏	表	表	

は,すべて表が2回,裏が2回という意味で,同じ事象であるということです.

10円玉を4回投げたときには,順序をちゃんと区別して考えれば,26ページで列挙したように,表と裏の出かたは全部で16ケースあります.ですから,その中の1つの出かた,たとえば「表,表,裏,裏」が起こる確率は,ラプラスの考え方によって1/16です.しかし,「表が2回,裏が2回」が起こる確率は,それが満足される出かたが6ケースありますので,ラプラスの考え方によって

$$\frac{6}{16} = \frac{3}{8}$$

となります.

このような確率を計算する場合に'組合せ'という考え方が必要になります.同じ職場に4人の女の子がいるとします.いずれがあやめかかきつばた,という可愛い子ちゃんぞろいです.本当は4人とも連れてお茶をおごりに行きたいのですが,そこは薄給の悲しさ,今日は2人しか連れて行く予算がありません.そこで,4人の中から2人を選ぶのですが,どのような選び方があるでしょうか.その選び方を表にしてみると'6とおり'あることがわかります.このようなとき,「4人から2人を選ぶ組合せは6とおりある」といいます.

よし子さん	せつ子さん	けめ子さん	ぺけ子さん
○	○		
○		○	
○			○
	○	○	
	○		○
		○	○

（6とおり）

前のページに，10円玉を4回投げたとき，表が2回，裏が2回出る場合の組合せが6とおり書いてありますが，おもてに○をつけてみると，この表とまったく同じであることがわかります．

n個のものからr個のものを選ぶ組合せの数は，${}_nC_r$ または $\binom{n}{r}$ と書いて表わすことになっています．Cはcombination（組合せ）の頭文字です．

${}_nC_r$ はつぎの公式で計算されます．

$$ {}_nC_r = \frac{n!}{r!(n-r)!} $$

ここで，！はファクトーリアル（日本語では階乗）と読む記号で，1からその数までの整数を全部かけ合わせることを表わしています．たとえば

$$ 5! = 1 \times 2 \times 3 \times 4 \times 5 = 120 $$

となります．表に12！までの値を書いてありますが，数が大きくなると，みるみる大きな値になってきて，びっくりしたな，モー，というので，！と書くのだと思ってください．大きな数の！を計算する近似式を，参考のために付録に書いておきました．なお，変な話しですが，0！は0ではなくて1と約束します．1！も1，0！も1，

！の値

0!	1
1!	1
2!	2
3!	6
4!	24
5!	120
6!	720
7!	5040
8!	40320
9!	362880
10!	3628800
11!	39916800
12!	479001600

V 確率の計算のしかた

それならば 0 と 1 とは同じではないか？　という疑問を感じない方は幸福な方です．しかし，0! は 1 であると，しゃにむに信じておいてください．

さて，一つだけ計算の練習をしてみます．8つの座席に3人が腰かける組合せは，いくとおりありますか．

$$_8C_3 = \frac{8!}{3!(8-3)!} = \frac{1 \times 2 \times 3 \times 4 \times 5 \times 6 \times 7 \times 8}{1 \times 2 \times 3 \times 1 \times 2 \times 3 \times 4 \times 5} = 56$$

となりますから，56とおりもあることになります．

つぎのページに，$_nC_r$ の値が書いてあります．この数字のグループには，おもしろい性質があります．表の中に点線の三角形で囲んである部分を見てください．上段の2つの値の和が，その下に現われています．この表のどこでも同じようなことが見られます．ですから，いちばん上段の 1, 1 だけ覚えておけばあとは順番にたし算をして，どこまでもピラミッド形に値を作っていけるわけです．この値のグループは**パスカルの三角形**と呼ばれています．

$_nC_r$ という記号は，慣れてしまえば別に何の恐怖感も与えないのですが，数学ぎらいの方にとっては，何となくとっつきにくい，いやな感じがするかもしれません．しかし，これは「n 個から r 個とる組合せ」と日本語で書く代わりに簡単に書いた1つの記号なのですから，不当にけぎらいしないでやってください．$_nC_r$ の値はパスカルの三角形に表わされていますので，8個から3個とる組合せが56であることを，自らの指先と自らの目で確かめてくださるよう，おすすめします．

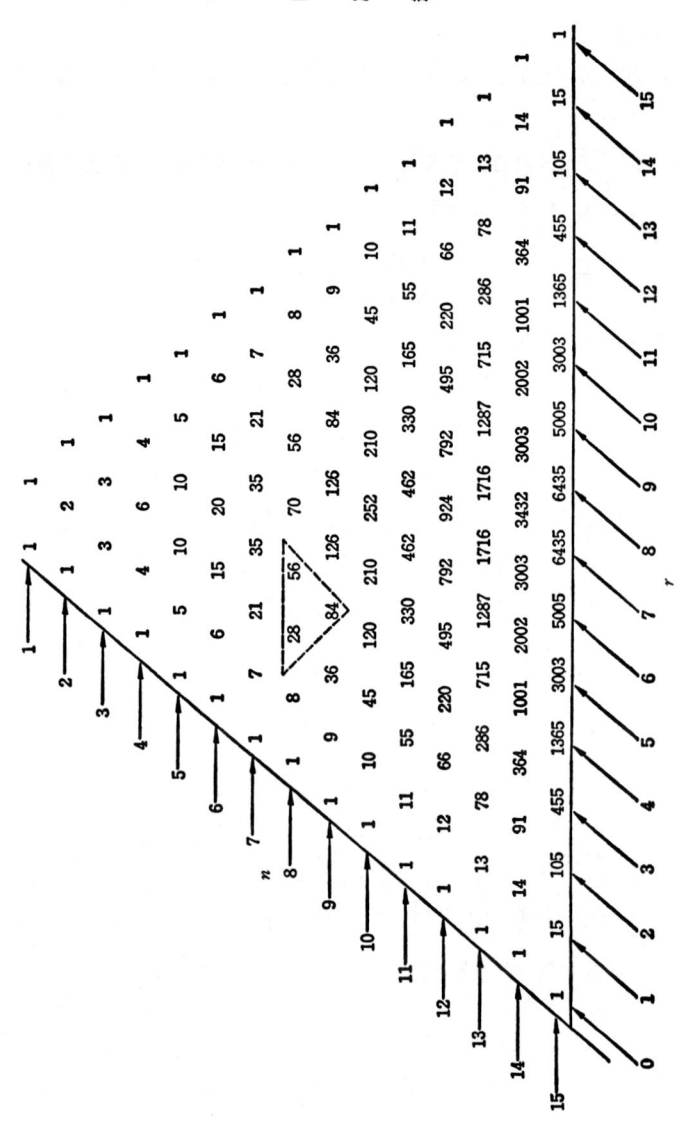

パスカルの三角形 ($_nC_r$ の値)

組合せのある確率

さて、いよいよ本論にはいります。ある試みをするごとに、ある事象が p の確率で起こるとします。そうすると、その事象が起こらない確率は $1-p$ です。ある事象を「10円玉の表が出る」であると考えれば p は 0.5 ですし、「サイコロの・が出る」であると考えれば p は 1/6 となります。その確率は試みを何べん繰り返しても変わりません。すなわち、各回がそれぞれ独立な'ベルヌーイの試行'です。いま、その試行を n 回行なったとき、その事象が r 回だけ起こる確率はいくらでしょうか。各試行ごとにその事象が起こったことを○、起こらなかったことを×で表わしてみることにします。n 回の試行のうち、ちょうど r 回だけ○になる組合せは

$$_nC_r = \frac{n!}{r!(n-r)!}$$

とおりだけあり、そのどれかが現実には起こって、その時には他の組合せは起こらないに決まっていますから、$_nC_r$ とおりの組合せは、互いに排他的です。

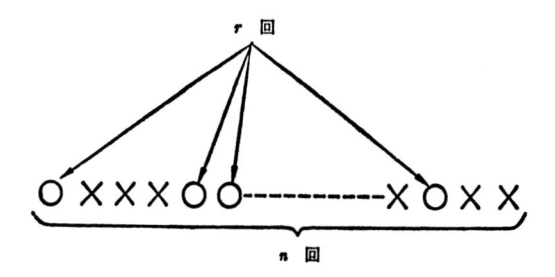

この組合せの一つ,たとえば図示してあるように,○×××○○……×○××というようなことが起こる確率は

$$\overbrace{p(1-p)(1-p)(1-p)p \cdot p \cdots\cdots (1-p)p(1-p)(1-p)}^{p \text{ が } r \text{ 回, } (1-p) \text{ が } (n-r) \text{ 回}}$$

になります.○と×とで総計 n 個あるのですから, p と $(1-p)$ とが n 回かけ合わされており,そのうち r 回は p で,残りの $(n-r)$ 回は $(1-p)$ です.したがって,図のような順序で○が r 回現われる確率は, p と $(1-p)$ の順序を並べかえて

$$\overbrace{p \cdot p \cdot p \cdots\cdots p}^{r \text{ 回}} \cdot \overbrace{(1-p)(1-p)\cdots\cdots(1-p)}^{n-r \text{ 回}} = p^r \cdot (1-p)^{n-r}$$

となります.

ここで, n 回中に○が r 回現われる組合せは ${}_nC_r$ とおりあったことを思い出してください.おのおののケースが,それぞれ $p^r(1-p)^{n-r}$ の確率を持っているのですから,○と×の順序にはおかまいなく, n 回中に○が r 回現われる確率は

$$\underbrace{p^r(1-p)^{n-r}+p^r(1-p)^{n-r}+\cdots+p^r(1-p)^{n-r}}_{{}_nC_r \text{ 個}} = {}_nC_r p^r(1-p)^{n-r}$$

となります.

式をもう少し見やすくするために

$$1-p=q$$

と書いてみます. q は目的の事象が起こらない確率,すなわち×が現われる確率を表わしています.そうすると, n 回の試行中,ちょうど r 回だけ確率 p の事象が起こる確率 $P(r)$ は

$$P(r) = {}_nC_r p^r q^{n-r}$$

と書くことができます.

$_nC_r$ は,**二項係数**という名で呼ばれています.つぎの代数式を見てください.

$$(p+q)^2 = p^2 + 2pq + q^2$$

右辺の第1項は,2回の試行で2回とも○が現われる確率であり,第2項は○と×とが1回ずつ現われる確率,第3項は2回とも×になる確率になっています.そして

$$p+q=1$$

ですから,この式の両辺はともに1であり,右辺の確率を全部加えた値は,全事象の確率,すなわち1であることと一致いたします.つぎに

$$(p+q)^3 = p^3 + 3p^2q + 3pq^2 + q^3$$

としてみると,今度は試行回数が3回の場合に相当し

p^3	○が3回起こる確率
$3p^2q$	○が2回,×が1回起こる確率
$3pq^2$	○が1回,×が2回起こる確率
q^3	×が3回起こる確率
計 1	

となっています.そして,右辺の各項の係数 1, 3, 3, 1 はパスカルの3角形の3行めと同じで

$$_3C_3, \quad _3C_2, \quad _3C_1, \quad _3C_0$$

を表わしています.そこで,試行回数を n にしてみると

$$(p+q)^n = {}_nC_n p^n + {}_nC_{n-1} p^{n-1} q + {}_nC_{n-2} p^{n-2} q^2 + \cdots\cdots$$
$$+ {}_nC_r p^r q^{n-r} + \cdots\cdots + {}_nC_1 p q^{n-1} + {}_nC_0 q^n$$

となります.これは,p と q との2つの項からなる1次式 $(p+q)$ の n 乗を展開したもので,右辺に $_nC_r$ という係数がずらりと並んでいます.

それで，$_nC_r$ は二項係数と名づけられているのです．

この式の右辺の各項は

  $_nC_n\, p^n$ は，全部が○で×はなし，の確率

  $_nC_{n-1}\, p^{n-1} q$ は，○が $n-1$ 個で×が 1 個，の確率

  $_nC_{n-2}\, p^{n-2} q^2$ は，○が $n-2$ 個で×が 2 個，の確率

  $\cdots\cdots\cdots\cdots\cdots\cdots\cdots\cdots\cdots\cdots\cdots\cdots$

  $_nC_r\, p^r\, q^{n-r}$ は，○が r 個で×が $n-r$ 個，の確率

  $\cdots\cdots\cdots\cdots\cdots\cdots\cdots\cdots\cdots\cdots\cdots\cdots$

  $_nC_1\, p\, q^{n-1}$ は，○が 1 個で×が $n-1$ 個，の確率

  $_nC_0\, q^n$ は，○がなくて n 個全部が×，の確率

  ―――――――――――――――――――――――

  合計 1   全事象の確率＝1

となっています．

不良品を含む確率

これで，めんどうな確率計算のやり方は，ほぼ卒業です．矢でも鉄砲でもどんと来いと，胸をたたくほどでもありませんが，身の回りの確率の問題は，だいたい大丈夫です．二三の例題を計算してみましょう．

8枚の10円玉を投げます．表が1枚も出ない確率，表が1枚，2枚，……，7枚および全部が表である確率を計算してみましょう．10円玉の場合には，うまいぐあいに

  $p=q=0.5$

なので計算がらくです．82ページのパスカルの三角形から

  $_8C_0=1$

  $_8C_1=8$

  $_8C_2=28$

V 確率の計算のしかた

$${}_8C_3=56$$
$${}_8C_4=70$$
$${}_8C_5=56$$
$${}_8C_6=28$$
$${}_8C_7=8$$
$${}_8C_8=1$$

を読みとっておきます．表が r 枚出る確率は

$$P(r) = {}_8C_r\, p^r\, q^{8-r} = {}_8C_r \times 0.5^r \times 0.5^{8-r}$$

ですから，つぎのように計算されます．なお，ある数の0乗は1とする約束になっています．

表が1つも出ない確率	$1 \times 0.5^0 \times 0.5^8 = 0.004$
表が1つ出る確率	$8 \times 0.5^1 \times 0.5^7 = 0.031$
表が2つ出る確率	$28 \times 0.5^2 \times 0.5^6 = 0.109$
表が3つ出る確率	$56 \times 0.5^3 \times 0.5^5 = 0.219$
表が4つ出る確率	$70 \times 0.5^4 \times 0.5^4 = 0.274$
表が5つ出る確率	$56 \times 0.5^5 \times 0.5^3 = 0.219$
表が6つ出る確率	$28 \times 0.5^6 \times 0.5^2 = 0.109$
表が7つ出る確率	$8 \times 0.5^7 \times 0.5^1 = 0.031$
表が8つ出る確率	$1 \times 0.5^8 \times 0.5^0 = 0.004$
	計　1.000

となります．このように，$p=q=0.5$ のときは

$$0.5^0 \times 0.5^8 = 0.5^1 \times 0.5^7 = 0.5^2 \times 0.5^6 = \cdots\cdots$$
$$= 0.5^7 \times 0.5^1 = 0.5^8 \times 0.5^0 = 0.5^8 = \frac{1}{256}$$

なので，計算はちょいとのまで終わってしまいます．29ページの値は，このようにして計算されたものでした．

つぎの例は，サイコロです．ファイブ・ダイスという遊びがあります．5個のサイコロを皮製のカップに入れて，よくふり，サイコロを机の上へころがして，サイコロの目によって勝負を競う遊びです．出た目が気に入らないサイコロは，あと2回ふり直してもよく，その結果の上り手で得点が決まります．そのルールは，後ほど紹介するとして，ここでそのごく一部について確率の計算をしてみようと思います．上り手の一つに，フォア（四揃い）というのがあります．5個のサイコロのうち，4つのサイコロの目が同じであればよいのです．5個のサイコロをカップから机の上へ1度ふっただけでフォアができる確率はどのくらいあるでしょうか．

まず，⚀でフォアができる確率を計算してみます．

$$P(⚀のフォア)={}_5C_4\left(\frac{1}{6}\right)^4\left(\frac{5}{6}\right)^1=5\times\frac{5}{6^5}=\frac{25}{7776}\left(≒\frac{1}{310}\right)$$

です．5個のサイコロのうち，4個が⚀になることは，約310回に1回ぐらいの割でしか起こらない珍しいことなのです．⚁でフォアができる確率も，⚂でも，⚃でも，⚄でも⚅でも同じことですから，1度ふっただけでフォアができる確率は

$$P(フォア)=6\times\frac{25}{7776}=\frac{25}{1296}\left(≒\frac{1}{52}\right)$$

となります．

トランプやサイコロで遊んでばかりいましたので，最後にちょっと

は仕事に役だちそうな例をあげてみます．不良率が10%で大量生産されている製品があるとします．いいかえれば，一つの製品を取り出したとき，それが不良品である確率は 0.1 ということです．その製品を15個ずつ箱詰めにします．1箱中に不良品が0個，1個，2個，……，15個ある確率はいくらでしょうか．

不良品の数が r 個である確率 $P(r)$ は

$$P(r) = {}_{15}C_r \cdot 0.1^r \cdot 0.9^{15-r}$$

です．${}_{15}C_r$ は84ページのパスカルの三角形で読んでください．計算結果は，つぎのとおりです．

不良品が 0 個の確率	$1 \times 0.1^0 \times 0.9^{15}$	$= 0.206$
不良品が 1 個の確率	$15 \times 0.1^1 \times 0.9^{14}$	$= 0.342$
不良品が 2 個の確率	$105 \times 0.1^2 \times 0.9^{13}$	$= 0.267$
不良品が 3 個の確率	$455 \times 0.1^3 \times 0.9^{12}$	$= 0.128$
不良品が 4 個の確率	$1365 \times 0.1^4 \times 0.9^{11}$	$= 0.043$
不良品が 5 個の確率	$3003 \times 0.1^5 \times 0.9^{10}$	$= 0.010$
不良品が 6 個の確率	$5005 \times 0.1^6 \times 0.9^9$	$= 0.002$
不良品が 7 個の確率	$6435 \times 0.1^7 \times 0.9^8$	$= 0.000$
不良品が 8 個の確率	$6435 \times 0.1^8 \times 0.9^7$	$= 0.000$
不良品が 9 個の確率	$5005 \times 0.1^9 \times 0.9^6$	$= 0.000$
不良品が10個の確率	$3003 \times 0.1^{10} \times 0.9^5$	$= 0.000$
不良品が11個の確率	$1365 \times 0.1^{11} \times 0.9^4$	$= 0.000$
不良品が12個の確率	$455 \times 0.1^{12} \times 0.9^3$	$= 0.000$
不良品が13個の確率	$105 \times 0.1^{13} \times 0.9^2$	$= 0.000$
不良品が14個の確率	$15 \times 0.1^{14} \times 0.9^1$	$= 0.000$
不良品が15個の確率	$1 \times 0.1^{15} \times 0.9^0$	$= 0.000$

（7個以降は無視できるほど小さい．）

となります．もし，15個詰の箱が100箱あるとすると，そのうち20箱ぐらいは不良品が1個もはいっておらず，30数箱は不良品が1個で，不良品2個を含むのは27箱ぐらい．不良品が7個以上も1箱の中に混ざってしまうことは，まず無いだろう，ということがわかります．

二項分布ということ

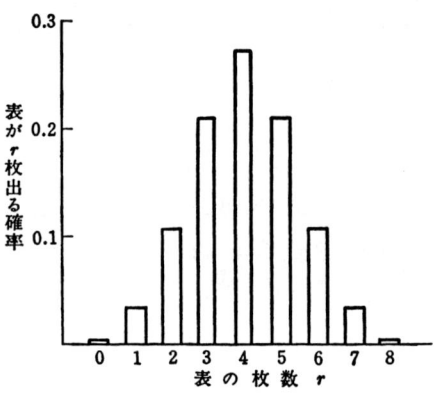

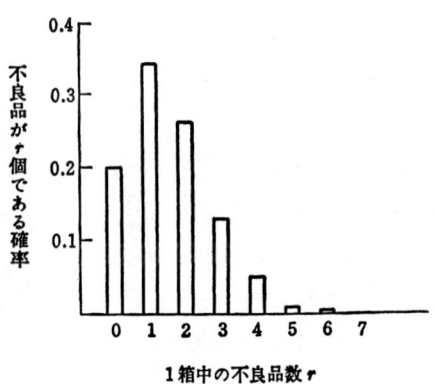

8枚の10円玉を投げたとき，表の枚数 r と，表が r 枚出る確率を，89ページで計算しましたので，それを棒グラフに画いてみました．

ものはついでですから，いま計算したばかりの，1箱中に含まれる不良品の数の例も，棒グラフに画いてみました．

どちらの場合でも同じように，r を決めてやると確率が決まってしまいます．このようなとき，「確率は r の関数である」といういい方をします．そして，r を確率変数と

呼びます．棒グラフに画かれた r と確率の関係は，どんな r がいくらの割合で起こるのか，ということを説明しています．いいかえれば，いろいろな r がどういう割合で**分布**しているか，を説明していることになります．私達の身の回りに起こる確率的な事象の分布には，いろいろな'形'があって，分布を数学的に取り扱いやすい形に書き表わしたり，いくつかのサンプルから分布の性質を推理したりするのが，**統計**と呼ばれる考え方と手法のグループです．分布には，正規分布，指数分布，ワイブル分布などたくさんの分布が使われていますが，この章でえんえんと説明をしてきた「10円玉の例」や「不良品の数の例」などのように，二項係数で特徴づけられている分布は**二項分布**と呼ばれ，最も価値ある分布の形の一つです．

馬にけられて死ぬ確率

不良率10%の製品を，15個ずつ箱詰めにしたとき，1箱中に含まれる不良品の数とその確率を 91 ページで計算しました．しかし，実際問題としては，不良率10%というめちゃくちゃな製品を，不良品を取り除きもしないで，箱詰めにして市場へ送り出すことなどはありえません．15個詰めの1箱の中に不良品がはいっていないことは20%ぐらいしかなく，1箱中の不良品の数が3個や4個であることは，ざらにあるのですから，これでは気の弱い大衆でもおこってしまいます．工場から出荷される製品は，ふつうは不良品が混ざっていないのがあたりまえで，時として1個ぐらいの不良品がはいってしまったときには，頭をかきながら，深く謝ったふりをして，無償で良品と交換するぐらいになるよう，製品の不良率を小さくするものでしょう．

たとえば，不良率 0.1% の製品を 100 個詰めにして市場に出す場合を考えてみます．平均すれば 100 個に 0.1 個の割合で不良品があるのですから，1 箱中には 1 個も不良品がはいっていないのがふつうです．運の悪い人でも不良品を2〜3個も買わされることは，めったにないでしょう．この例を二項分布で計算してみましょう．

不良品が 0 個の確率　　$_{100}C_0 \times 0.001^0 \times 0.999^{100} = ?$

不良品が 1 個の確率　　$_{100}C_1 \times 0.001^1 \times 0.999^{99} = ?$

不良品が 2 個の確率　　$_{100}C_2 \times 0.001^2 \times 0.999^{98} = ?$

不良品が 3 個の確率　　$_{100}C_3 \times 0.001^3 \times 0.999^{97} = ?$

不良品が 4 個の確率　　$_{100}C_4 \times 0.001^4 \times 0.999^{96} = ?$

....

この計算は，やってやれないことはありませんが，たいへんな馬力が必要です．$_{100}C_4$ というあたりまでパスカルの三角形を作ろうとすれば，小さな字で書いても畳ぐらいの大きさの紙が一ぱいになってしまい，楽しいながらも狭いわが家には不向きです．0.999^{96} という値も，これをまともに掛け算をするのは気違いざたですし，対数を使うにしても精度の良い値が得にくいのです．

このようなとき，**ポアソン分布**というピンチヒッターが活躍します．ポアソン分布は，めったに起こらないことを対象としたときの，二項分布の近似的な計算法です．二項分布の説明のとき，しばしば「1875〜1894 年の 20年間に，プロシアの陸軍で毎年，馬にけられて死亡した兵士の数を10個部隊（20年間なので延べ 200 部隊）について調べた結果」がポアソン分布の計算値とよく合う，という例が引用されています．これも，馬にけられて死ぬ，というのが珍しいことだからにほかなりません．

死亡数　部隊数
0　109
1　65
2　22
3　3
4　1

　こういう珍しい事象が起こる確率を計算するときには，二項分布の式

$$P(r) = {}_nC_r\, p^r\, q^{n-r}$$

の代わりに

$$P(r) = \frac{(np)^r\, e^{-np}}{r!}$$

という式を使うほうが計算がはるかにらくです．ここで，npは，n回の試行の間に，その事象(確率がp)が起こる回数の平均値になっていますので

$$np = m$$

と書いて式を簡単にしてみると

$$P(r) = \frac{m^r\, e^{-m}}{r!}$$

m	e^{-m}
0.00	1.00000
0.01	0.99005
0.02	0.98020
0.05	0.95123
0.10	0.90484
0.20	0.81873
0.50	0.60653
1.00	0.36788
2.00	0.13534
5.00	0.00674

という形になります．e^{-m} がはいっているので，数学ぎらいの方にとっては，ぞっとするような不愉快な式かもしれないと，申しわけなく思いますが，この値は数表になっていろいろな本に載っていますから，みずから計算をなさる必要はありません．その一部を左の表に書いておきました．詳しく書くと

その事象が 1 回も起こらない確率 $=\dfrac{m^0}{0!}e^{-m}=e^{-m}$

その事象が 1 回だけ起こる確率 $=\dfrac{m^1}{1!}e^{-m}=me^{-m}$

その事象が 2 回起こる確率 $=\dfrac{m^2}{2!}e^{-m}=\dfrac{m^2}{2}e^{-m}$

その事象が 3 回起こる確率 $=\dfrac{m^3}{3!}e^{-m}=\dfrac{m^3}{6}e^{-m}$

その事象が 4 回起こる確率 $=\dfrac{m^4}{4!}e^{-m}=\dfrac{m^4}{24}e^{-m}$

……………………………………………………………

となります．不良率 0.1% の製品を 100 個詰めにしたとき，1 箱中に含まれる不良品の数とそれが起こる確率の計算をしてみると，つぎのようになります．

$n=100, \quad p=0.001$

ですから

$m=np=0.1$

です．また，$e^{-m}=e^{-0.1}$ は表から約 0.905 です．したがって

不良品が 1 個もない確率 $=0.905$

不良品1個を含む確率 = 0.1×0.905 = 0.090

不良品2個を含む確率 = $\dfrac{0.1^2}{2}$ ×0.905 = 0.005

不良品3個を含む確率 = $\dfrac{0.1^3}{6}$ ×0.905 = 0.000（無視できる）

....

となります．すなわち，約90％の箱は不良品を含まず，約10％の箱には不良品が1個，1箱中の不良品が3個より多いことはほとんどない，と考えてよいことになります．りんごやみかんの箱詰めなどは，だいたいこんな程度ではないでしょうか．

なお，ポアソン分布の式は，二項分布の式で，$np=m$ の値を固定したまま，n をどんどん大きくしていくか，p をどんどん小さくしていくと数学的に求めることができます．ポアソン分布は n が大きく（50以上ぐらい），p が小さく（少なくとも0.1以下），そして平均値 np が0～10ぐらいの値であるときに成立する二項分布の近似式です．二項分布の式からポアソン分布の式を求める運算は，付録につけてあります．

超幾何分布というおそろしい名前の分布

52枚で1組のトランプから，1枚のカードを取り出し，それが♡であるか否かを確認したら，そのカードをもとに戻してよく混ぜます．つぎにまた，1枚のカードを取り出して♡であるかどうかを確認してもとに戻します．こういうことを5回くり返したとき，5回のうち♡が何回現われるだろうかという問題は，もう私達にとっては何でもありません．とくい中のとくいです．そうです．二項分布の考え方で，♡が r 回現われる確率は

$$P(r) = {}_5C_r \cdot \left(\frac{1}{4}\right)^r \left(\frac{3}{4}\right)^{5-r}$$

になります．あとは，r に 0, 1, 2……などの値を代入してやれば，すぐに確率が計算できます．この試行は，各試行ごとに♡が現われる確率がいつも一定（1/4）で，いわゆるベルヌーイの試行（55ページ）なのでたちがよいのです．

今度は，もう少したちの悪い試行を考えてみましょう．52枚で1組のトランプから，1枚のカードを取り出し，それが♡であるか否かを確認するところまでは前と同じですが，今度はそのカードをもとに戻しません．2回めは，残りの51枚から1枚を取り出して，それが♡であるか否かを調べます．3回めは，残りの50枚から1枚を取り出して……，という試行を考えてみることにします．

取り出したカードを，確認したらもとに戻すという操作をしながら，抜取りを繰り返すとき，これを**復元抽出**といい，これに対して，取り出したカードをもとに戻さないで行なう抜取りを**非復元抽出**と呼んでいます．復元抽出のときは，各回の確率が独立で一定であるのに，非復元抽出では，2回め以降の確率は条件付き確率であるところが，やっかいな点です．やっかいではありますが，二項分布の式を作り出したのと同じように，確率を計算するための一般式を作り出すのは，けっしてむずかしくはありません．付録にその作り方を書いてありますので，気のむいたときに，ぜひ見ていただきたいと思います．ここでは，先を急いで，結論だけを書きます．

○と×とで合計 N 個あります．そのうち，○は k 個です．いま，N 個の中から n 個を取り出したとき，その n 個の中に○が r 個だけ含まれている確率 $P(r)$ は

V 確率の計算のしかた

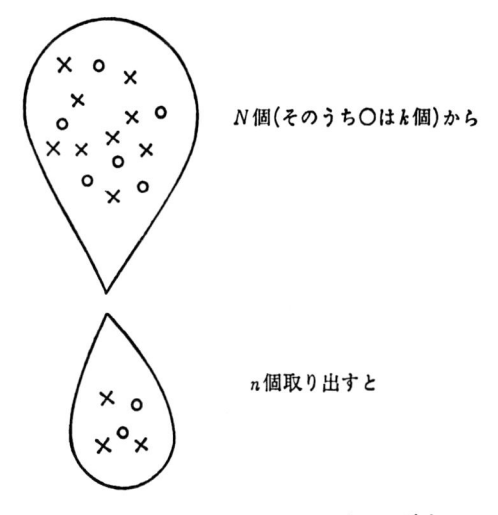

N個(そのうち○はk個)から

n個取り出すと

その中に○がr個ある確率は

$$\frac{{}_kC_r \cdot {}_{N-k}C_{n-r}}{{}_NC_n}$$

$$P(r) = \frac{{}_kC_r \cdot {}_{N-k}C_{n-r}}{{}_NC_n}$$

という比較的簡単な式で表わすことができます．なお，n 個を取り出すとき，1つずつ順に取り出しても，まとめて一時に n 個を取り出しても，結果は同じことです．

二項分布に対して，この式で表わされる分布を**超幾何分布**といっています．これでもう，矢でも鉄砲でもどんと来い，と胸をたたいて大丈夫です．一つだけ，計算の練習をしてみましょう．

52枚で1組のトランプから5枚のカードを取り出しました．その5枚の中に♡が2枚だけ含まれている確率はいくらですか．

$N=52, \quad n=5$

$k=13, \quad r=2$

を前の式に代入しますと

$$P(2) = \frac{{}_{13}C_2 \cdot {}_{39}C_3}{{}_{52}C_5} = \frac{13!}{2!\,11!} \cdot \frac{39!}{3!\,36!} \cdot \frac{5!\,47!}{52!}$$

$$= \frac{13 \cdot 12}{2} \cdot \frac{39 \cdot 38 \cdot 37}{3 \cdot 2} \cdot \frac{5 \cdot 4 \cdot 3 \cdot 2}{52 \cdot 51 \cdot 50 \cdot 49 \cdot 48}$$

$$\fallingdotseq 0.274$$

という答が得られました．同じように，5枚中に含まれる♡の枚数が 0, 1, 2, 3, 4, 5 枚である確率を計算して棒グラフに画いてみました．これが超幾何分布の一つの例です．

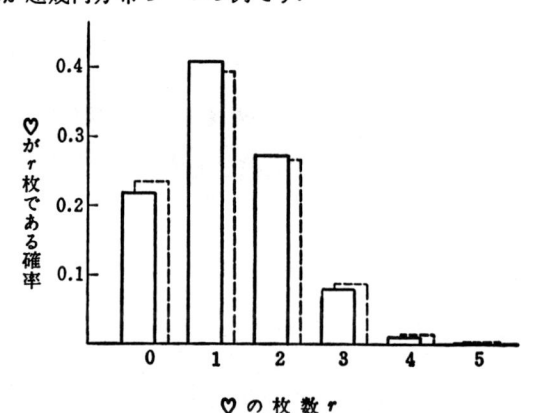

その棒グラフのうしろに，そっと並んでいる破線の棒グラフは，52枚で1組のトランプから，復元抽出で，カードを5回取り出した中に含まれる♡の数とその確率(二項分布)を98ページの式で計算したものです．このグラフを見ると，非復元抽出の超幾何分布のほうが，二項分布よりも，♡が取り出される平均値

$$n\frac{k}{N} = 5 \times \frac{13}{52} = 1.25 \text{ 枚}$$

に，多くの確率が集まろうとしている傾向が見られます．それもそのはずで，非復元抽出の場合には，はじめのうちに♡が平均より多く取り出されすぎれば，残りには♡が不足して，♡を取り出す確率は減少し，反対に，はじめのうちに取り出された♡が少なければ，残りの♡が多くなって，♡を取り出す確率が増大するというように，みずから平均値に近づこうとする作用があるからです．

このような修整の作用は，取り出される数 n が全体の数 N に近づくにつれて，強く作用し，n が N と同じになれば，すなわち N 個全部を取り出してしまえば，r は確実に k に一致することはもちろんです．

抜取検査の性質

n に対して N が十分に大きければ，計算のめんどうな超幾何分布を使わないで，二項分布で代用してもさしつかえありません．工場で行なわれている抜取検査を考えてみましょう．大量に生産されている製品を，片っぱしから全部検査するのはたいへんな手数だし，また生産の流れぐあいからみて，全数を検査しなくても，その中から取り出したいくつかのサンプルを検査すれば，その成績から全体の製品のできぐあいを推察することができる，という場合に抜取検査が行なわれます．検査のためのサンプルの抜取りは，ふつうは非復元抽出です．一つのサンプルを抜き取って検査をした後，またそれをもとに戻してよく混ぜてからつぎのサンプルを抜き取る，ということは行なわれないのがふつうです．もしそういうことをすると，一度検査したものを，もう一度検査するといったムダが生ずるおそれもありますし，第一，

不良と判定されたものを，わざわざもとへ戻してよく混ぜてやるなどというのは，どう考えてもあまり利巧な人のやることではなさそうです．こういう理由で，抜取検査は多くの場合，非復元抽出で行なわれており，したがって，抜取検査の理論は，超幾何分布で作られていなければならないはずなのに，抜取検査に関する理論は，たいてい復元抽出と考えて二項分布を使用しています．その理由は，あるロットに属する製品の数が十分に大きいと考えているからです．N 個の製品中に k 個の不良品を含んでいるとすると，最初の抜取りで不良品を取り出す確率は

$$\frac{k}{N}$$

で，そのとき不良品を取り出してしまえば，2回めの抜取りで不良品を取り出す確率は

$$\frac{k-1}{N-1}$$

また，1回めの抜取りが良品ならば，2回めに不良品を取り出す確率は

$$\frac{k}{N-1}$$

となり，以下順次に分母，分子ともに小さくなっていくのですが，N が十分に大きく，k/N が適当な値であるとすれば

$$\frac{k}{N} \fallingdotseq \frac{k-1}{N-1} \fallingdotseq \frac{k}{N-1} \fallingdotseq \cdots\cdots$$

とみなしてよく，そのときには

$$\frac{k}{N} = p \quad (\text{不良率})$$

とおけば，確率 p で起こる'ベルヌーイの試行'になりますので，二項分布が適用できることになります．

幾何分布と呼ばれる分布

超幾何分布というヘンな名前が出ましたので，よろず知識欲がおう盛で，それじゃ幾何分布というのがあるのかいと，好奇心をかきたてる方があるかもしれません．ご明察のとおりです．ベルヌーイの試行よ，もう一度．85ページの例と同じに

　　　　○×××○○……×○××

としましょう．○が起こる確率は p，×が起こる確率は q です．この○と×の列の中で，同じ記号が連なっている部分をすべて連（レンと読む）といいます．この例では，中央の……の部分は除いて

　　○
　　×××
　　○○
　　×
　　○
　　××

がみな連です．そして，同じ記号が連なっている長さを連の長さといいます．この例では，連の長さは，1, 3, 2, 1, 1, 2 です．このうち，○の連の長さは，1, 2, 1 になっています．

さて，一般に，○の連の長さが r である確率 $P(r)$ はいくらでしょうか．連の長さが r であるということは，先頭の○に引きつづいて $r-1$ 個が○になり，r 個めが×になるということですから

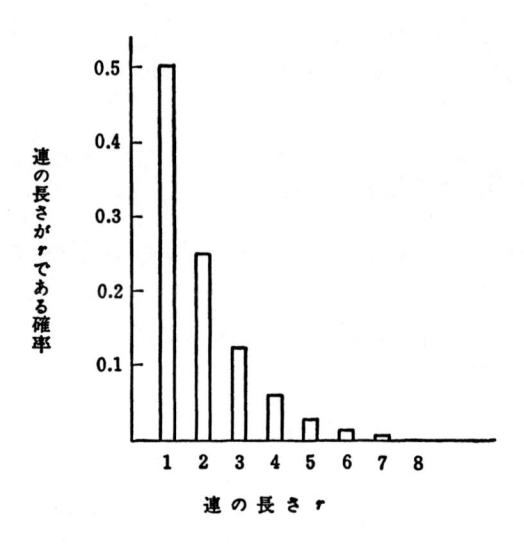

$$P(r)=p^{r-1}q$$

になるはずです．この分布を幾何分布と呼んでいます．r が 1，2，3，……とふえるにつれて，$P(r)$ は，p を公比として減少していきます．いちばん簡単な10円玉を投げる場合を考えると

$$p=q=0.5$$

ですから

$$P(r)=0.5^r$$

となり，表の出かたに注目すると，表が 1 回だけ単独に出る確率が 0.5，2 回続けて表が出る確率が 0.25，3 回続けて表が出る確率がその半分の 0.125，4 回続けて表が出る確率がまたその半分の ……，となります．あたりまえのことではありませんか．

V 確率の計算のしかた

> **クイズ**
>
> **第1問** 5個のサイコロを投げたとき
>
> ⚀ ⚀ ⚁ ⚁ ⚂
>
> となる確率を求めてください。また，目の数が
>
> 　　2個＋2個＋1個
>
> に分かれる確率はいくらですか。かなり，ややこしい問題です。
>
> （答は☞ 269 ページ）
>
> **第2問** （20秒で考えてください）1組のトランプから5枚のカードを取り出しました。この5枚の中に♣を含まない確率は$(3/4)^5$より大きいですか，小さいですか。
>
> （答は☞ 315 ページ）

VI. 分布のはなし

連続型の分布

これまでに，二項分布，ポアソン分布，超幾何分布，幾何分布の4つの分布を説明しました．また，とくに分布という言葉は使いませんでしたが，サイコロをふったとき，⚀から⚅までの6つのケースはすべて1/6の確率で出現しますので，これを，いまの4つの分布と並べて図示すると右のようになります．このように一様な確率で出現する分布を**一様分布**と呼んでいます．これらの分布は，ある値 r の出現する確率を示したもので，r がわかれば，それが出現する確率を計算することができ，すべての r について，それらの確率を加え合わせれば，もちろん1になります．このほか，これらの分布に共通な性質があります．それは，r がとびとびの値でしかありえないということです．10枚の10円玉を投げたとき，そのうち何枚が表であったかを考えてみましょう．表が1枚もないこともあるでしょうし，1枚のことも，

VI 分布のはなし

[二項分布]

[幾何分布]

[ポアソン分布]

[一様分布]

[超幾何分布]

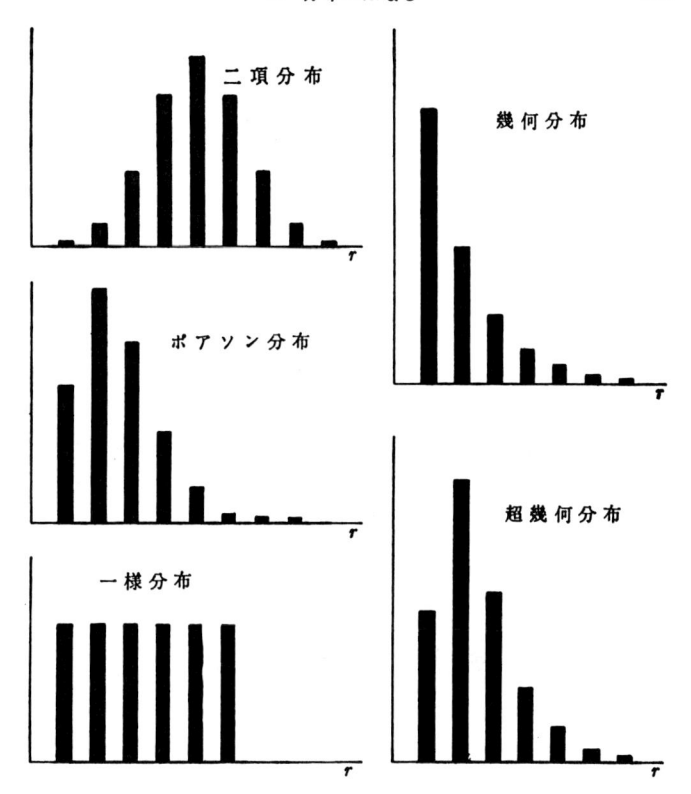

2枚のことも，3枚のことも，9枚のことも，あるいは全部が表であることもあるでしょう．ただ，1枚である確率よりは5枚である確率のほうがずっと大きい，ということを二項分布は物語っていたわけです．しかしながら，表が 2.5 枚であったり，5.35 枚であったりすることは絶対にありえません．あったら，お目にかかりたいものです．1組52枚のトランプから5枚のカードを取り出して，その中の♣の枚数に注目すると，それは超幾何分布にしたがうのですが，これも 3.1416

枚などというきようなまねは決してできず，♣は必ず，0, 1, 2, 3, 4, 5 枚のうちのどれかです．このように，とびとびの値しか現われる可能性がなく，その中間の半ばな値はけっして現われないような分布を**離散型の分布**と呼んでいます．

これに対して，**連続型の分布**といわれる分布の形があります．何か，連続して変化する量を考えてみましょう．人間の身長などもその例です．160 cm の人は存在してよろしい，161 cm の人もよろしい，162 cm の人もいいでしょう．しかし，160.7 cm の人や 161.2 cm の人は存在してはいけない，といわれても，それは無理というものです．人間の身長などというものは，元来が少しずつ少しずつ連続して伸びていくものなのですから．ふつうは，簡単にするために，四捨五入したり切り捨てたりして，cm 単位や mm 単位で身長を表わしていますが，それはあくまで，表現を簡単にするための便法であって，事実はどんな半ばな寸法もありうるわけです．

ところで，人間の身長と確率と何の関係があるのだ，とやじがとびそうです．それでは，「日本の成年男子の中から，でたらめに 1 人を選び出したとき，彼の身長が 175 cm より大きい確率はいくらか」という問題を考えてみます．これは，明らかに確率の問題です．これに答えるために，つぎのような作業をします．「日本の成年の男子」の身長をたくさん測ります．都会の人も田舎の人も，北海道の人も九州の人も，またサラリーマンもお百姓さんも，とにかく，不公平にならないようにまんべんなく測って記録するのです．測定する人の数は多ければ多いほど良い資料が作られます．少ないと，偶然に大きい人ばかりを測ってしまったり，その反対だったりして，日本の成年男子を代表するとはいえない資料になる危険があるからです．たくさんの人を測

VI 分布のはなし

定すれば，そのような片寄った資料になる危険はほとんどなくなります．これもある意味では，大数の法則です．多ければ多いほどよい，といっても何万人も測る必要はありません．まあ，数百人も測れば十分でしょう．ここでは説明しやすいように，1,000人の身長を測ったものとしておきます．

さて，測って記録をしただけでは宝の持ちぐされですので，データを整理します．まず，1,000人の身長を 10 cm きざみで 150～160 cm，160～170 cm，170～180 cm，180～190 cm，190～200 cm の 5 つの区間に分けてみましょう．

  150～160 cm の人 13 人
  160～170 cm の人 210 人
  170～180 cm の人 607 人
  180～190 cm の人 158 人
  190～200 cm の人 12 人

という結果が出ました．ここで確率の定義をもう一度思い出してください．この 1,000 人の中から，でたらめに 1 人の人を選び出したとき，その人の身長が 150～160 cm の範囲にある確率は

$$\frac{13}{1000} = 0.013$$

ということがわかりました．この 1,000 人のグループは，日本の成年男子全員のグループのひな形みたいなものですから，日本の成年男子の中から，でたらめに 1 人を選んだとき，その人の身長が 150～160 cm の範囲にある確率は 0.013 であると考えることができます．全部の区間について同じように確率の計算をすると，つぎの表のようになります．これを棒グラフに画いたのが次ページの図です．

区間 cm	確率
150〜160	0.013
160〜170	0.210
170〜180	0.607
180〜190	0.158
190〜200	0.012

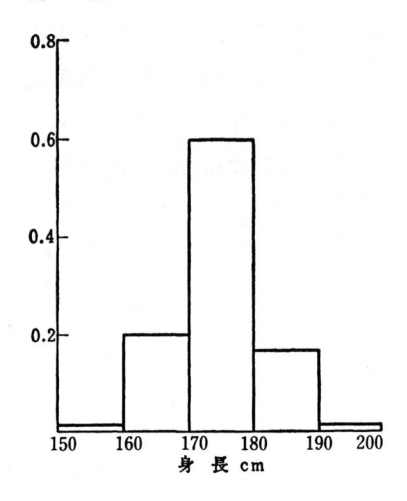

5つの区間についての確率を,全部加えると1になることは,いうに及びません.

10 cm きざみでは,おおざっぱすぎるようなので,同じ測定結果を5 cm きざみの区間で分類してみました.その結果を確率で表わしたのがつぎの表で,それを棒グラフに画くと,右の図のようになります.区間の幅を半分にしたため,1つの区間の中に含まれる人間の数

区間 cm	確率
150〜155	0.003
155〜160	0.010
160〜165	0.056
165〜170	0.154
170〜175	0.375
175〜180	0.232
180〜185	0.118
185〜190	0.040
190〜195	0.009
195〜200	0.003

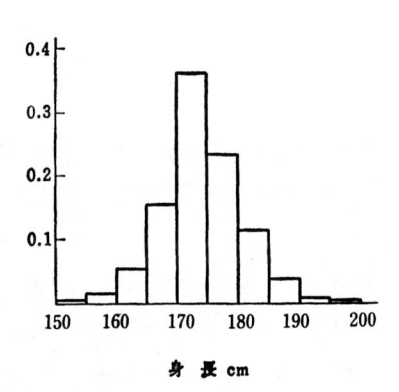

VI 分布のはなし

も半分ぐらいになります．それで，棒グラフに画いた感じを，前と同じようにするために，縦軸の目盛は倍に引き伸ばしてあります．今度は区間が10ありますが全部の区間の確率を加えあわせた値は，やはり1です．

つぎに，区間の幅をさらに半分の 2.5 cm にしてみました．そして棒グラフに画くと下の左の図のようになります．階段がだんだん細かくなってきましたが，確率の総計は，やはり1です．こうして，区間の幅をどんどん小さくしていくと，階段のでこぼこはだんだん細かくなっていき，ついには，階段が目に見えなくなってしまうに違いありません．そして，とうとう階段の外形は，なめらかな1本の曲線になってしまいます．それが右下の図です．この図形の中には，非常に小さな等しい間隔で無数の縦線が並んでおり，その1本1本が，それぞれ確率を表わし，確率の総計は1であると考えることができます．無数の縦線は煩わしいので省略していまい，外形を表わすなめらかな曲線で分布の形を示すのがふつうです．人間の身長は，連続して変化するので，身長の分布はこのような連続した曲線で表現されることになります．

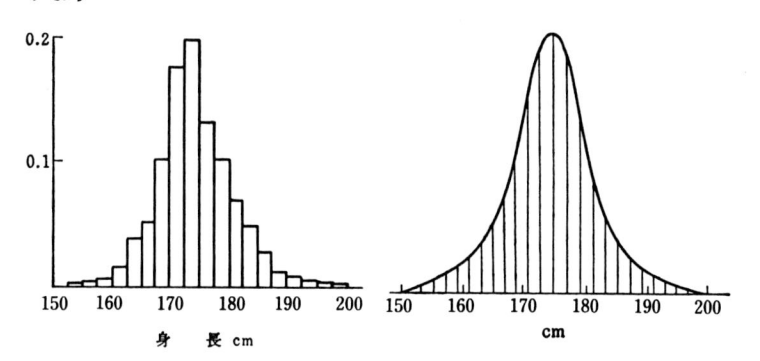

さてここで,「日本の成年男子の中から,でたらめに1人を選び出したとき,彼の身長が 175 cm より大きい確率はいくらか」という問題にもどってみましょう.分布の図の 175 cm のところに線を引くと,その線より右側は 175 cm より大きいことを,またその線から左側は 175 cm より小さいことを表わしていることになります.前にも述べたように,この図形の中には,等間隔で並んだ無数の縦線が隠されており,その縦線の長さは,確率を表わしているのですから,この図形の全面積は確率の総計,すなわち1に対応し,175 cm の線より右側の面積は,175 cm より大きい確率に対応していると考えることができます.つまり

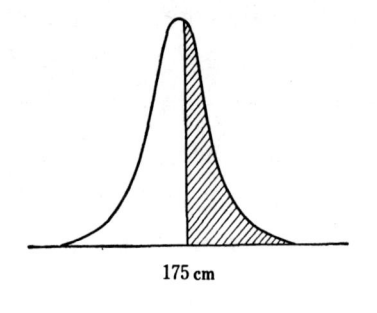

$$175 \text{ cm より大きい確率} = \frac{\text{斜線部の面積}}{\text{全体の面積}}$$

で表わされています.

　同じように考えれば,日本の成年男子の中からでたらめに1人を選び出したとき,その人の身長が170 cmより大きく,175 cmより小さい確率は,左の図で

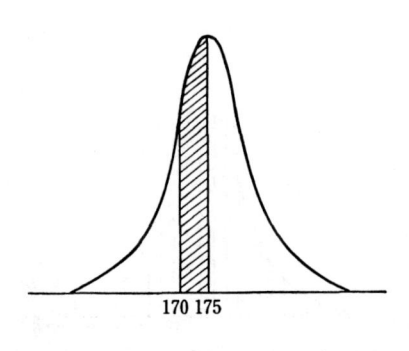

$$\frac{\text{斜線部の面積}}{\text{全体の面積}}$$

で表わされていることがわかります.

もう一つだけ,確率を考えるときによくぶつかる例をあげてみます.都会の電車などは,発車の間隔が割に短いので,電車の時刻表などをあまり気にしないで,適当な時刻に駅へ行く人が少なくないようです.電車が5分おきに発車しているものとして,発車時刻を知らない人がでたらめに駅に到着するものとすると,この人はどのくらいの確率で,どのくらいの時間,電車を待たなければならないでしょうか.

電車が発車するちょうど1分前に着くことも,1分30秒前に着くことも,3分前であることも4分3秒と1/3秒前に着くことも,どれが起こりやすく,どれが起こりにくいということはなく,まったく同じぐらいに起こりうることですし,また,どんな半ばな値にもなりうる連続型の分布ですから,分布の形は図のようになります.すなわち,連続型の一様分布です.5分間隔で電車が発車しているので,5分以上待たされる確率は0です.

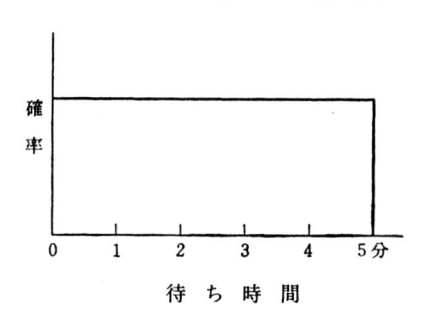

$$待ち時間が3分以上である確率 = \frac{2}{5}$$

$$待ち時間が2分以下である確率 = \frac{2}{5}$$

$$待ち時間が1分以下である確率 = \frac{1}{5}$$

$$待ち時間が1分以上4分以下である確率 = \frac{3}{5}$$

などがすぐわかります.また,待ち時間が2分半のところで,それ以上

である確率と，それ以下である確率とが同じく 1/2 ずつになっています．

こういう連続型の分布では，「身長が 170 cm である確率」とか,「電車を 4 分待つ確率」とかいう表現はまちがいです．身長が 170 cm というだけでは，図形に 1 本の線が記入されるだけで，幅がなく面積が 0 ですから，確率は 0 です．4 分待つ確率も，同様に 0 です．「170 cm 以上である確率」，「4 分以上待つ確率」というように，あるいは「3 分ないし 4 分待つ確率」というように，表現しなくてはなりません．

いろいろな形の分布

連続型の分布の中で，最もよく知られているのが**正規分布**です．別名を**ガウス分布**ともいい，下の図のように左右対称の美しい形をして

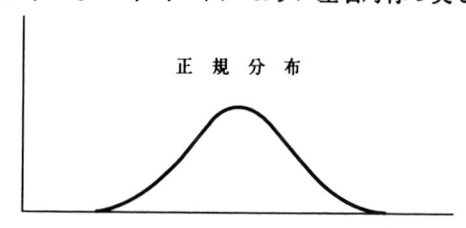

正 規 分 布

います．いろいろな誤差，たとえば，ある寸法の製品を作ろうとするとき，寸法が多少大きくなったり，小さくなったりするような工作誤差，それから，ある長さを正確に測定するとき，実際の長さより，長めに測定してしまったり短く測ってしまったりするような測定誤差，あるいは，射撃の弾丸が的から外れる距離，などの誤差は，この分布でよく近似できることが昔から知られており，この曲線を誤差曲線とも呼んでいます．また，人間の身長，適当なむずかしさの問題

VI 分布のはなし

を出したときの試験の成績,毎年の雨量など,非常に多くの自然現象や社会現象が,正規分布で近似することができます.昔は,すべてのものごとはみな正規分布をする,と考えられていたくらいで,今でも,もともと正規分布をするはずがないものまで,正規分布で片付けようとするなまはんかな議論がよく行なわれているのを耳にします.正規分布は,二項分布で試行回数をどんどん大きくしていった終極の姿として,理論的にも求められ,離散型分布における二項分布と同様に,連続型分布での王位を保つにふさわしい分布です.

社会現象の中には,正規分布がひずんだ形で現われるものごとが少なくありません.ある企業の男子職員の賃金は,下の図のように,か

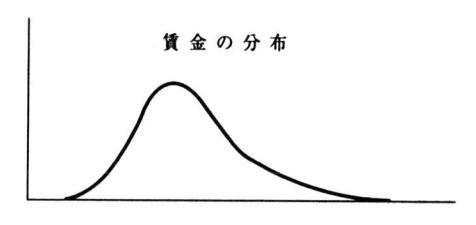

賃金の分布

なりひずんだ分布になるのがふつうで,大多数の人達は平均よりやや低いぐらいの賃金をもらっており,ごく少数の人達だけが高い賃金をもらっているのがわかります.人間の身長は正規分布すると前に書きましたが,人間の体重は少しひずんで,賃金の分布と同じような形になるといわれています.考えてみれば,大人の体重の平均が60kgぐらいとすると,それより30kgも少ない人はまず存在しないでしょうが,平均より30kg多い90kgのデブちゃんは,けっしてまれなことではないので,なるほどひずんだ分布になりそうです.このような分布を非対称分布と呼んでいます.

これより,もっとはげしくひずんだ分布をするのが,まことにしゃ

所得の分布

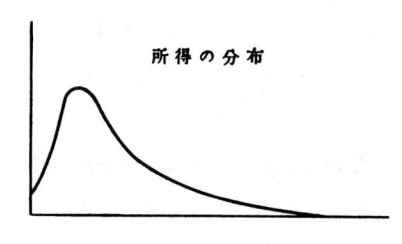

くにさわることに，所得分布です．新聞に発表される長者番付けをみると，私達庶民には気が遠くなるような高額の所得者がいることがわかりますが，この人達が，分布の右のすそのずっと先にいるわけです．

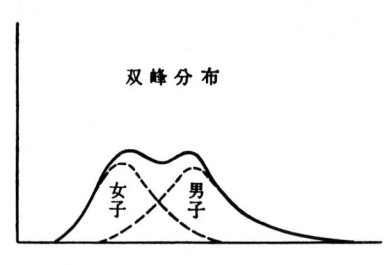

双峰分布（女子・男子）

ある企業の全従業員の賃金を調べると，左の図のように，2つの山が現われることがあります．これは，男子従業員の賃金と，女子従業員の賃金とが，平均年齢に差があるなどの理由で，少し離れたところで非対称分布をしているので，その両方を加え合わせたときに，2つの山が現われているのです．このような分布を**双峰分布**などと呼ぶことがあります．

いままでの分布は，どれも山の形をしていましたが，山の形をしない分布もあります．最も重要なのは，指数分布です．まったく偶然のできごとでこわれてしまうようなものの寿命などがこの分布をします．いやな例で恐縮ですが，鉄砲の弾丸がいつも同じぐらいでたらめに飛んでくる戦場で，ある部隊が行動したとき，兵隊が生き延びられる時間は，指数分布にしたがいます．はじめのうちは，兵隊の数が多いので敵の弾丸がよく当たり，短い時間で死んでしまう兵隊の数も多いのですが，時間がたって，生き延びている兵隊の数が減ってくると，敵の弾丸が当たりにくくなって，兵隊の戦死も減ってきます．長い時間たった後には，生存者がほとんどいないので，長い時間の後に

指数分布にしたがいたくない

　死亡する兵隊の数も非常に少なくなります．このように，ある時刻に発生する死亡の件数が，そのときまで死なずに残っている生存者の数に比例するようなとき，その寿命は指数分布にしたがいます．

　コンデンサやトランジスタなどの寿命は，指数分布で近似できるといわれていますし，また1人が1回に電話を使用する時間なども，この分布でほぼ近似できるのだそうです．そうすると，何台かの公衆電話が満員のとき，早くから電話器を使っている人のうしろで待つというこ

とは，意味がないことになります．どの電話器が早くあくかは，まったくでたらめだ，ということなのですから．

このほかにも，いろいろな形の分布がありますが，少しふう変わりなのは雲の量の分布です．毎日，空を見上げて，雲の量を観察します．空に1片の雲も見当たらなければ雲の量を0とし，空が一面に雲でおおわれているときは雲の量を1とします．半分が雲，半分が青空なら，雲の量は 0.5 です．何十日間も雲の量を観察して記録すると，雲の量の分布は図のような形になることが知られています．雲の量が0〜0.2であるとき'快晴'といい，0.3〜0.7までを'晴れ'，0.8〜1までを'曇り'というのだそうですが，快晴や曇りの日が多く，晴れの日は比較的少ないということが図からわかります．

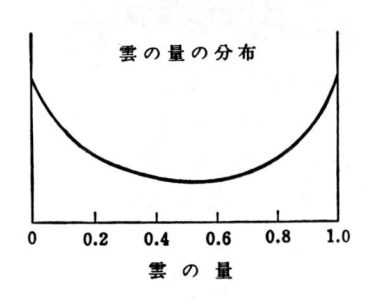

人間の寿命

人間の寿命の分布は，つぎの上の図のようになります．横軸の目盛は年齢を表わし，縦軸はその年齢で発生した死亡数，すなわち，その年齢が寿命であった人の数を表わしています．生まれたばかりの頃には，ちょっと死亡が多いのが目につきます．医学の進歩した現在でも，赤ちゃんにとってはお産そのものが死をかけた試練なのでしょう．奇形児のような，育つ見込みのない不幸な赤ちゃんの死亡も，少なくないのかもしれません．生まれて数年たち抵抗力がついた小学生から高

VI 分布のはなし

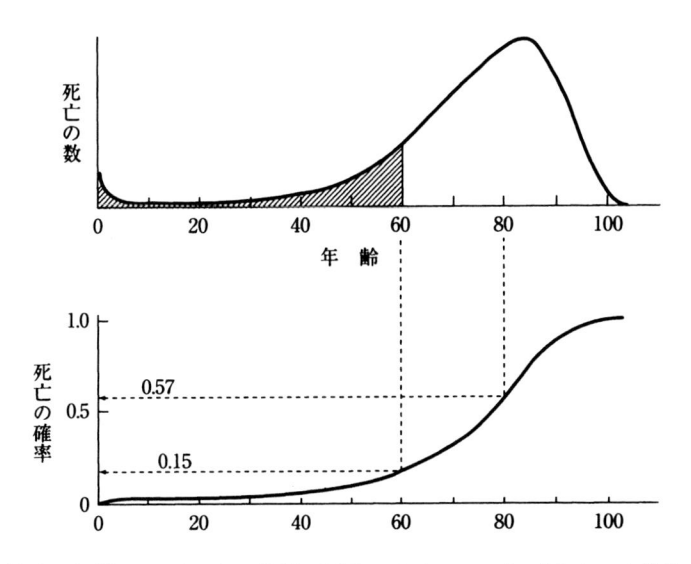

校生にかけて，死亡者は非常に減少します．この年ごろは，肉体的には少しもくたびれておらず，交通事故などの偶然による死が死亡の大部分を占めます．それで，曲線は指数分布のような形になっています．20歳をすぎると，死亡数がちょっと上昇してきます．浮き世の風にさらされて，耐えきれなくなったのでしょうか．30歳から40歳にかけては，死亡数はほぼ横ばいを続けます．死亡数が横ばいでも，毎年いくらかの死者が出て，生存者の数は年齢とともに減少してきているのですから，生存者に対する死亡の発生数の割合は，徐々に増加してきていることを意味しています．生存者の数に対する死亡の発生数の割合を死亡率といっています．よく新聞記事などに見られる死亡率という用語は，10万人の生存者のうち，その1年間で死亡するであろう人数をいっていることが多いようです．さて，40歳をすぎると，死

亡数は増加しはじめます．この年代は，男ならまさに働き盛りで，社会の繁栄に貢献するとともに，一家の柱でもあるわけですが，体のほうはそろそろくたびれだして，歯や目が悪くなったり，あっちのほうの元気がなくなってきたりするのだそうです．60代，70代は，体のくたびれがはっきりと現われて，くたびれに原因する死亡がぐっと多くなります．そして，80をすぎる頃から死亡数は逆に減少してきます．これはどうしたことでしょう．80すぎて，人間は再び元気をとり戻したのでしょうか．そうではありません．この辺までくると，生存している人の数が少なくなったために，いくら高い割合で死んでも，死亡者の絶対数が少なくなってしまったのです．100歳ぐらいになると，生存者の数が0に近くなるという理由で，死亡の発生も0に近くなります．かくして，つとめを終えた人間達は，安らかに墓の中で永久の眠りをむさぼることになります．

　生まれたばかりのある赤ちゃんのことを考えてみます．この赤ちゃんが60歳より前に死亡する確率は

$$\frac{\text{斜線部の面積}}{\text{全体の面積}}$$

で表わされることは，数ページ前の説明を思い出してみれば，わかります．人間の寿命の場合には，それは約0.15，すなわち15%になります．同じように80歳までに死んでしまう確率は0.57ぐらいです．100歳以前に死ぬ確率は，ほとんど1になります．これを画いたグラフが寿命分布の図の下に並べてあります．死亡の確率を1から引いた値は，死なない確率，つまり生存する確率です．赤ちゃんにとっては，60歳まで生きる確率は0.85，80歳まで生きる確率は0.43でしたが，60歳のおじさんにとってはどうでしょうか．赤ちゃんとおじさんの条件の

違いは，赤ちゃんはまだほとんど生きていた期間がないのに，おじさんのほうは，すでに60年も生きた実績をもっているということです．したがって，おじさんが80歳まで生きる確率は

　　60歳まで生きた人が，80歳まで生きる確率

という条件付き確率になります．へんな所に条件付き確率が顔を出しました．そこで

　　赤ちゃんが60歳まで生きる確率を　$P(60)$

　　赤ちゃんが80歳まで生きる確率を　$P(80)$

　　60歳まで生きた人が，80歳まで生きる確率を　$P(80\mid 60)$

と書いてみましょう．そうすると

$$P(80) = P(60) \cdot P(80\mid 60)$$

の関係があることがわかります．80歳まで生きるためには，まず60歳まで生きることに成功し，さらに80歳まで生きなければならないからです．したがって

$$P(80\mid 60) = \frac{P(80)}{P(60)} = \frac{0.43}{0.85} \fallingdotseq 0.51$$

であることがわかります．つまり，すでに60歳まで生きてきたという実績がものをいって，実績0の赤ちゃんよりは，60歳のおじさんのほうが，80歳まで生きる確率は大きいのです．

　けれども，おじさんは80歳まで生きたとしてもあと20年，赤ちゃんは80歳まで生きるとすれば，あと80年もあるのですから，やっぱり赤ちゃんのほうが先行き楽しみです．

···· **クイズ** ····

　この章は，クイズはお休みです．頭を休めるために，クイズという言葉の起りでもお話ししましょうか．

　いつごろの話かよくわかりませんが，イギリスのダブリン市の劇場の支配人だったデイリーという人が，「24時間以内に，これまでになかった新しい言葉をはやらせてみせる」とかけをしました．デイリーさんは，街のあちらこちらに'QUIZ'という文字を書いてあるきました．ダブリン市の人達は，その文字を見て，なんだろう？と首をひねりました．そして，QUIZ という言葉が，'なぞなぞ'，'わるふざけ'，'からかう'などの意味で流行したのだそうです．

ひとやすみ

確率のはなし
——基礎・応用・娯楽——

応 用 編

君の話がうそだと思われないよう，いつも確率を勘定に入れておきたまえ．

　　　　　　　　　　　　　　ジョン・ゲイ

VII. もうけを予測する

もうけはいくら期待できるか

　昨夜は，一ぱいやりながら，酒のさかなに8歳の娘をからかってみました．チョコレートを私と彼女にそれぞれ10個ずつ配っておいて，ささやかなかけをしようと提案したのです．日頃，めったに父親に遊んでもらったことのない彼女は，大はしゃぎでそれに応じてきました．10円玉を2つ投げて，両方とも表が出たら彼女の勝，そうでなければパパの勝ちとして，負けたほうから勝ったほうへチョコレートを1個渡すことにしよう，と提案したところ，彼女は，直ちに拒絶しました．10円玉を2つ投げると，両方とも表のことも，両方とも裏のことも，表と裏とが1枚ずつ出ることもあるから，両方とも表が出たときしか彼女の勝にならないのは，割が悪いと主張するのです．なるほど，それもそうです．それでは，彼女が勝ったときにはチョコレートを2つ上げよう，パパが勝ったときには1つだけもらえばよい，と申

し出ると，首をかしげてしばらく考えていましたが，にっこり笑ってこれに応じてきました．プレーをはじめてみると，彼女がチョコレートを全部まき上げられ，くやしがって私にとびついてくるまで，10分とはかかりませんでした．

彼女の誤算はどこにあったのでしょうか．彼女が勝つ確率が1/4であることは異議のないところです．つまり，4回に1回の割で彼女が勝ち，4回に3回の割で彼女が負けてるわけです．ですから，彼女は4回に2つの割でチョコレートを受け取り，4回に3つの割でチョコレートを取られていることになります．したがって，彼女は4回について1個の割でチョコレートを損する運命にあったのです．

このようなことは，しょっ中，私達の身の回りで起こっています．勝てばもうけが大きいときでも，勝つ確率が小さければ，全体として

確率を知らないと損をする

大きくもうかるとはかぎりません．また，勝っても少ししか利得がない場合でも，ほとんど確実に勝てるならば，長く勝負を続けているうちには，けっこう大きなかせぎになります．かせぎに対する期待を正しく評価するには，勝つ確率と勝ったとき得られる利得との両方が必要なようです．そのために勝負の1回当たり，平均いくらもうかるかという値を，われわれは，**期待値**という言葉で呼ぶことにします．すなわち，期待値 E は，勝つ確率 p と，勝ったとき得られる利得 G との積で表わされます．

$$E = p \cdot G$$

期待値の意味を，はっきりと理解しておくために，いくつかの例について考えてみましょう．

サイコロをふって，⊡が出たとき30円ずつもらう約束をしたとします．期待値は

$$\frac{1}{6} \cdot 30 円 = 5 円$$

です．これは，サイコロを1回ふるごとに5円ずつのかせぎが期待できるということです．6回について1回の割合で⊡が出て，30円の収入があるのですから，サイコロを1回ふるごとに平均して5円ずつのかせぎになるであろうことは，すぐうなずけます．

つぎに，サイコロをふって偶数の目が出るごとに30円ずつとられる場合の期待値はいくらでしょうか．期待値は

$$\frac{1}{2} \cdot (-30 円) = -15 円$$

です．損をするのに，期待値という言葉は，あまりふさわしくありませんが，やはり，期待値といっています．損をするときには，マイナ

スの符号がつきますから，期待がマイナスである，というように解釈しておいてください．

パパと娘のささやかなかけの例で，娘の期待値がいくらであったかを思い出してみることにします．娘は，かけに勝つ確率が1/4で，そのときはチョコレート2個をかく得し，かけに負ける確率は3/4で，その時はチョコレート1個を失うのですから，期待値は

$$\frac{1}{4} \times 2 個 + \frac{3}{4} \times (-1 個) = -\frac{1}{4} 個$$

です．すなわち，かけ1回ごとに，平均してチョコレート1/4個を失うことになっていたのです．

もう一つの例をみてください．2つのサイコロをふるかけで，出た目の数の合計に対してつぎのような条件をつけました．一見，なかなか有利な条件のように思えますが期待値はいくらでしょうか．

　目の数の合計 1 のとき　100,000 円もらう！

　目の数の合計 2 のとき　　　500 円もらう

　目の数の合計 3 のとき　　　100 円もらう

　目の数の合計 4 のとき　　　 30 円もらう

　目の数の合計 5 のとき，もらいも，取られもしない

　目の数の合計 6 のとき　　　110 円とられる

　目の数の合計 7 のとき　　　200 円とられる

　目の数の合計 8 のとき　　　110 円とられる

　目の数の合計 9 のとき，もらいも，取られもしない

　目の数の合計10のとき　　　 30 円もらう

　目の数の合計11のとき　　　100 円もらう

　目の数の合計12のとき　　　500 円もらう

VII もうけを予測する

目の数の合計が 1, 2, 3, ……, 12 である確率 (312 ページに計算してあります) と, そのおのおのの目の数に相当する利得と, それらの積を一覧表にするとつぎのようになります.

目の数の合計	確　　率	利　　得	確率×利得
1	0/36	100,000円	0
2	1/36	500円	500円/36
3	2/36	100円	200円/36
4	3/36	30円	90円/36
5	4/36	0円	0
6	5/36	−110円	−550円/36
7	6/36	−200円	−1200円/36
8	5/36	−110円	−550円/36
9	4/36	0円	0
10	3/36	30円	90円/36
11	2/36	100円	200円/36
12	1/36	500円	500円/36

計　−720円/36＝−20円

どうやら結果は予期に反して, 期待値は−20円, すなわち 1 回かけをするごとに平均して20円ずつ損をするのが, きびしい現実であるようです. ですから, あなたがもし, このかけに 100 回も挑戦したとすると, かなり確実に, 2000円ぐらいはすってしまうことになります. だいたい, 2つのサイコロをふって出た目の合計が1になることなど, 絶対ありえないのに, 100,000円に目がくらんで, 判断を誤ってしまったのは, まったく不覚のいたりでした.

期待値の意味は, もう, よくおわかりになったと思いますので, もう少し厳密に定義をしておきましょう.

ある試行の結果現われる事象は, 互いに排反かつ独立で, その生起

確率が $p_1, p_2, \cdots, p_n$ であり,それぞれ $G_1, G_2, \cdots, G_n$ の利得があるとき,その試行の期待値 E は

$$E = p_1 G_1 + p_2 G_2 + \cdots + p_n G_n$$

である,と定義することができます.ここで,もちろん

$$p_1 + p_2 + \cdots + p_n = 1$$

です.

期待値は,かせぎに対する期待の程度を,数学的に正しく言い表わしていてくれます.ただ期待値は,その試行を数多く繰り返したとき,1回当たりのかせぎの平均値が,その値から遠くはなれる確率はほとんどなくなるであろう,という値であって,ここでも大数の法則が成り立つことを忘れないでください.期待値の計算では,確かにもうかるはずだからと,1回のばくちに全財産をかけて,運わるく身しょうをつぶしたからといって,この本をうらまれても困ります.

かけが成立する条件

横綱と平幕のすもうにかけをしようと思います.どちらにかけるときでも,かけ金が同じならば,私は横綱にかけます.あなたも,きっとそうでしょう.これではかけが成立しません.そこで,かけ金を少しずつ変化させてみます.横綱にかけるなら200円出す,平幕にかけるなら100円出す,勝ったほうが合計300円をいただける,という条件にしてみましょう.それでも私は,横綱にかけます.あなたも,まだ横綱にかけるかもしれません.それでは,かけ金を300円:50円にしてみます.今度は,あなたも私も平幕にかけてしまって,かけが成立しないかもしれません.300円:100円ならどうでしょうか.今度は

Ⅶ　もうけを予測する

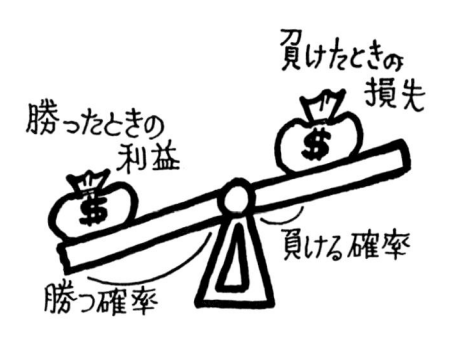

どちらにかしぐだろうか

あなたは横綱に，私は平幕にかけて，かけが成立しました．

これは，どういう事なのでしょう．横綱の勝つ確率を p として，このかけの期待値を計算してみると事情が明らかになってきます．かけ金の総額が 400 円ですから，あなたにとっての期待値は $400p$ 円です．あなたは，これが 300 円より大きいと判断したから，横綱にかけたのでしょう．つまり，あなたは

　　　$400p$ 円＞300 円

すなわち

　　$p > \dfrac{3}{4}$

と判断したことになります．

一方，私にとっての期待値は

　　　$400(1-p)$ 円

ですから，私は，その期待値がかけ金の 100 円よりも大きいと考えた

のです．

$$400(1-p)円 > 100円$$

すなわち

$$1-p > \frac{1}{4}$$

$$p < \frac{3}{4}$$

と判断して平幕にかけたことになります．

　横綱の勝つ確率が3/4すなわち，75%より多いか少ないかの判断の差が，このかけを成立させたのですが，その判断をかけ金の金額に換算をするについては，期待値の概念が知らずしらずに使われているわけです．

宝くじは1枚だけ買え

　この宝くじは東京都が発売し，その益金は公園整備や公営住宅建設などの費用にあてられます．この宝くじは，100,000番から199,999番までの10万通を1組として01組から90組までの900万通(18億円)を売り出し，抽せんによって次の当せん金をつけます．

等　級	当せん金	本　数
1 等	80,000,000円	3
1 等の前後賞	10,000,000円	6
1 等の組違い賞	100,000円	267
2 等	1,000,000円	90
3 等	10,000円	18,000
4 等	200円	900,000

Ⅶ　もうけを予測する

　これは，この原稿を書くために200円を投資して街頭で買い求めてきた宝くじの説明文です．もしも，8千万円が当たったならば，と200円の支出にしては大それた期待に胸をはずませていますが，本当は，この宝くじにどれだけの期待をかけるのが公平なところでしょうか．すでに，私達は期待値ということを知っていますので，さっそく計算してみましょう．

確　　　率	利　　　得	確率×利得
3/9,000,000	80,000,000円	26.6̇6円
6/9,000,000	10,000,000円	6.6̇6円
267/9,000,000	100,000円	2.9̇6円
90/9,000,000	1,000,000円	10.00円
18,000/9,000,000	10,000円	20.00円
900,000/9,000,000	200円	20.00円

計 86.3円

　期待値は，宝くじ1枚について86.3円でした．200円払って，平均86.3円しか得られないのでは，ずいぶん損じゃないか，とおっしゃるでしょうが，それは最初からわかっているのです．もし，買った人が平均して得をするようならば，売り手の東京都はその分だけ損をするだけだし，賢明な東京都の役人が，そんな宝くじを売り出すはずがないからです．

宝くじミニ歴史

　日本でいちばん古い宝くじは，江戸時代(1635年)に，神社・仏閣か修理や改修の費用を集めるために幕府の許可を得て発行した「ご免富」だといわれています．
　その後，中断の期間があり，いまのような宝くじが発行されたのは第二次大戦直後の1945年で，生活物資が困窮していた折から，タバコや布地などが副賞についた宝くじが人気を集めたそうです．

この宝くじの総売上げは

$$200 \times 9{,}000{,}000 = 1{,}800{,}000{,}000 \text{円}$$

で，当せん金の総計は計算してみればすぐわかるように，776,700,000円です．当せん金の総計を，宝くじの総枚数で割れば

$$776{,}700{,}000 \text{円} \div 9{,}000{,}000 = 86.3 \text{円}$$

でこれが宝くじ1枚当たりの当せん金になります．したがって，この金額は，宝くじ1枚当たりの平均したか̇せ̇ぎ̇であって期待値そのものです．

私達は，200円支出して，平均86.3円だけをかせぐのですから，有利なか̇け̇でないことは確かなのですが，それではなぜ，この節の表題が「宝くじは1枚だけ買え」となっているのでしょうか．それには，2つの命題が含まれています．その一つは「損を承知で，なぜ買うのか」であり，他の一つは「なぜ，2枚以上ではなくて1枚なのか」

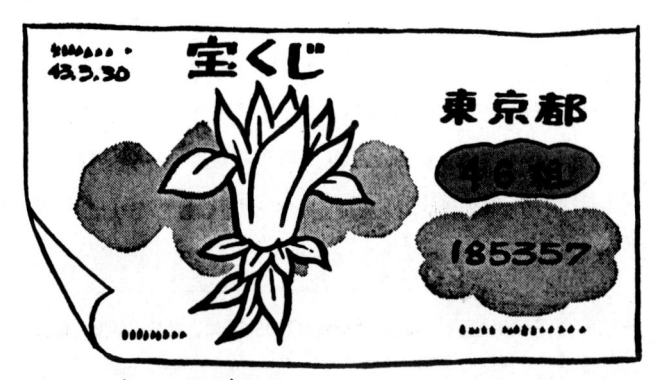

この紙の価値は
86.3円+α

VII もうけを予測する

ということです.

第1の命題に対する答は, あまり論理的ではありません.「おそらく損をするだろうけれども, 損をしたところで200円だからそれほど腹もたたないし, もし当たったらという楽しみが大きいから」というのがその答です. つまり, 200円で86.3円のかせぎと'楽しみ'とを買っているわけで, その楽しみが113.7円以上に相当するならば, 200円の支出はけっして損ではないのです.「もしも当たったら」という楽しみが113.7円以上に相当するかどうかは, 個人の主観の問題なので, 各人で判断していただくほかありません.

第2の,「なぜ, 2枚以上ではなくて1枚なのか」という命題に対する答は, かなり論理的です. 買う枚数が多ければ多いほど, そのかけの結果は数学的な期待値に近づいてきます(大数の法則). すなわち, 買う枚数が多いほど, 損をすることが, より確実になってくる, ということです. しかも, 損をする金額は多分, 買った枚数に比例して増大するでしょう. ちなみに, もし売り出された900万通の宝くじ全部を買い占めたとすると, 1等も2等も独占することができますが, それでも

$$1{,}800{,}000{,}000\text{円} - 776{,}700{,}000\text{円} = 1{,}023{,}300{,}000\text{円}$$

だけ損をすることは絶対確実です. これでは, 1等が当たってもなんにもなりません. それに, 宝くじを2枚買ったからといって, 1枚買ったときの2倍の楽しみがあるとはかぎりません. 本題から少しはずれますが, 人間の感覚は, しげきの対数に比例するものが多いといわれています. たとえば, 10倍もエネルギーの大きい音を聞かせて, やっと2倍の大きさの音に聞こえるのだそうです. そのでんでいけば, 宝くじを10枚買って, やっと1枚のときの2倍の楽しみが得られる程

度と考えてよいようです．宝くじを2枚買うことは，1枚買ったときと比べて，期待される損失の値は2倍になり，損をすることはより確実であって，楽しみは2倍にならない，というのでは，2枚買うのはばかげています．3枚以上では，ますますその傾向が強くなります．ですから，宝くじを買うなら，1枚だけにするのが最も効率のよい買い方だ，という結論になります．

もっとも，公園の整備や公営住宅の建設などは，都民の生活を豊かにするから，そのための出費なら少しも惜しくない，というのでしたら，話しは別ですが．

金持ちは，ますます金持ちになるか

昔から，のむ，うつ，何とか，は男の三大道楽といわれてきました．のむと何とかは，確率の勉強の対象としてふさわしくないので，うつに目を向けてみたいと思います．テレビのやくざものには，丁半ばくちで身ぐるみすっかり巻き上げられて，はなみずをすすりながら，こわい山の神の待つ我が家へ帰って行く，善良にしてか弱い亭主がしばしば見られます．昔の丁半ばくちには，巧妙な細工をしたサイコロを使って，いかさまをしたものがあったようですが，たとえ，公平な丁半ばくちであっても，貧しい庶民は多くの場合，負ける運命にあったのでしょうか．

「公平な丁半ばくちであっても，貧乏人は金持ちにはかなわない．なぜなら，資本が十分にあれば，じっと不運に耐えて，つきが回ってくるのを待つことができるが，資本が乏しいとちょっとした不運で破産してしまって，つきを待つことができない」という主張をする人達

VII　もうけを予測する

貧乏人はますます貧乏に？

は，その論拠として「勝率50％のかけを何回も続けて，ついに相手を破産させてしまう確率は，両者の資本金に比例する」という法則を持ち出します．たとえば，あなたが10円玉を20個，私が10円玉を10個持っていて，1回当たり10円ずつかけて丁半ばくちを続けたとき，あなたが私の10円玉を全部とり上げてしまう確率は，あなたが破産する確率のちょうど2倍あるというのです．

たしかに，そのとおりです．次の図を見てください．Aが10円玉を2個，Bが10円玉を1個持って，50％のかけをはじめたとします．図の○はAの勝ちを，●はAの負けを表わしています．1回戦でAが勝てば，はいそれまでよ，です．Bは1個しかない10円玉を取られて破

138　　　　　　　　　応　用　編

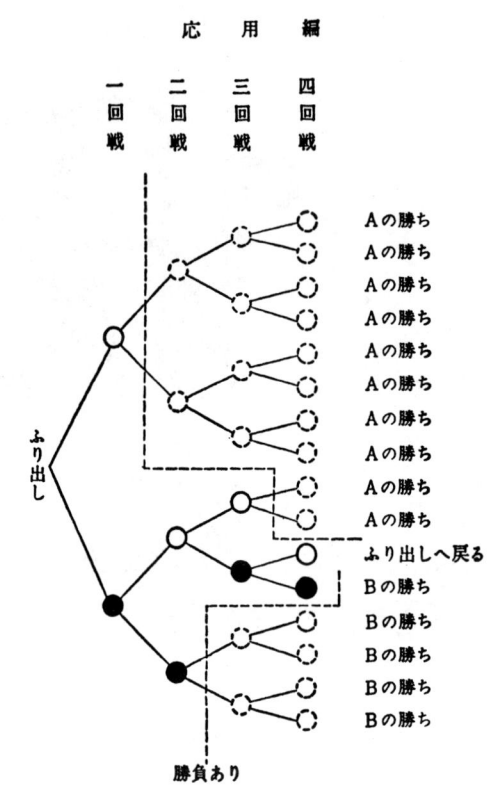

一回戦　二回戦　三回戦　四回戦

ふり出し

Aの勝ち
Aの勝ち
Aの勝ち
Aの勝ち
Aの勝ち
Aの勝ち
Aの勝ち
Aの勝ち
Aの勝ち
Aの勝ち
ふり出しへ戻る
Bの勝ち
Bの勝ち
Bの勝ち
Bの勝ち
Bの勝ち

勝負あり

A, Bの資本は2:1

産してしまいました．1回戦にAが敗れたときには，さらに，かけは継続されます．2回戦も続いてAが負けると，Aは10円玉を2個取られて破産になります．図にはこのようにして，4回戦までに起こりうるケースを示してあります．1回戦でAが勝てば，2回戦以降は，Bは戦うことができなくて無条件降伏ですから，4回戦の結果に換算すると，8つのケースをAが勝ちとったことになるのは，図からおわかりのとおりです．4回戦を終わった16のケースについてみると，つぎ

Ⅶ もうけを予測する

のようになっています.

　　Aの勝ち　　10ケース
　　Bの勝ち　　5ケース
　　勝負つかず　1ケース

勝負のついてない1つのケースは, Aが負, 勝, 負, 勝であった場合で, このときの持ち金は, Aが20円, Bが10円ですから, か̇け̇を開始する前と同じ状態にあります. したがって, さらにか̇け̇を続ければ, そのうちの 10/16 はAの勝ち, 5/16はBの勝ち, 1/16はまだ勝負がつかない確率であることは明瞭です. 4回戦を終わったところで, Aの勝ちはBの2倍, 勝負のつかなかったケースについても, それから後にAが勝つ確率はBの2倍, それでもまだ勝負がつかないケースについても, やはりAが勝つ確率はBの2倍, したがって, すべてを総合して, AはBの2倍だけ勝つ確率を持っていることがわかります.

　蛇足ですが, この勝負の最中に生ずるかもしれない「ふり出しへ戻る」ような事象を, 再帰事象ということがあります.

　もう一つだけ例を見てみましょう. 次ページの図はAの資本が3個, Bの資本が1個でか̇け̇を開始した場合です. 1回戦でAが勝ってしまえばBは破産し, 図には省略してありますが, これは6回戦の結果に換算したとき, Aの勝ちの32ケースに相当します. Aが1回戦に負けても, 2回戦, 3回戦と続けて勝てば, Bは資力のない悲しさで, たちまち破産してしまいます. これは, 6回戦の結果に換算すると8ケースに相当します. このようにして, 6回戦までのすべての場合が図に画かれています. 勝負のつかないケースに, 3とか1とか書いてあるのは, そのときのAの持ち金の個数です. 6回戦を終わった64ケースの内訳は

応用編

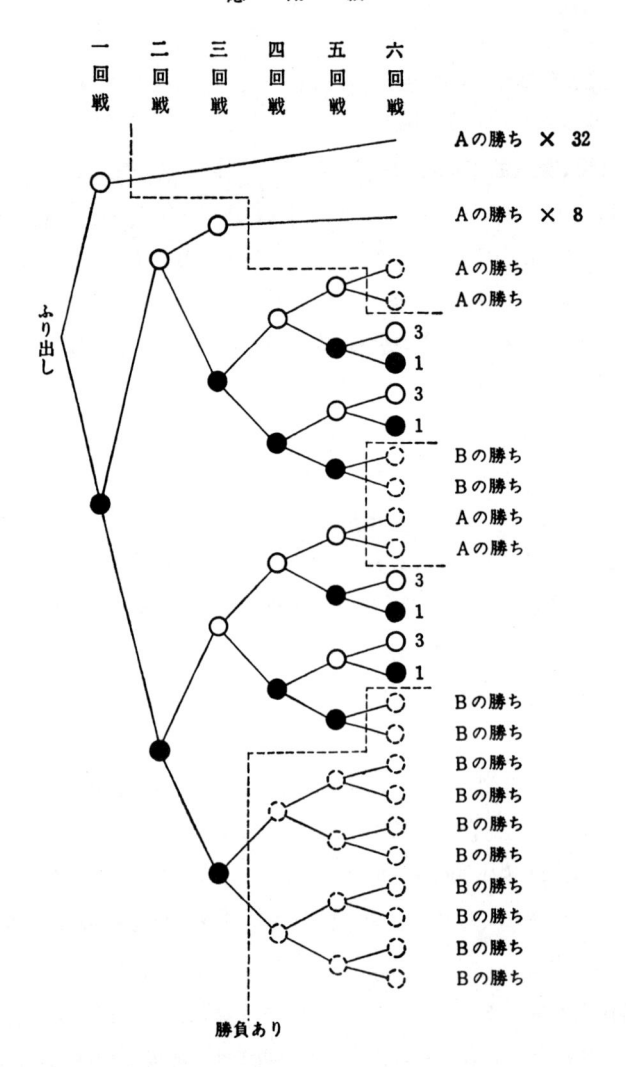

|一回戦|二回戦|三回戦|四回戦|五回戦|六回戦|

- Aの勝ち × 32
- Aの勝ち × 8
- Aの勝ち
- Aの勝ち
- 3
- 1
- 3
- 1
- Bの勝ち
- Bの勝ち
- Aの勝ち
- Aの勝ち
- 3
- 1
- 3
- 1
- Bの勝ち
- Bの勝ち
- Bの勝ち
- Bの勝ち
- Bの勝ち
- Bの勝ち
- Bの勝ち
- Bの勝ち
- Bの勝ち
- Bの勝ち

ふり出し

勝負あり

A, Bの資本は 3 : 1

Ⅶ　もうけを予測する

Aの勝ち	44ケース
Bの勝ち	12ケース
勝負つかず	持ち金 3：1　　4ケース 持ち金 1：3　　4ケース

勝負のついていない8つのケースは，さらに勝負を続ければ，勝ったり負けたり，いろいろあるでしょうが，持ち金の条件が，AとBとにまったく公平ですから，確率的には，A，Bともに4ケースについて勝利を得ると考えることができます．したがって，64ケースの内訳は

　　Aの勝ち　　44+4=48ケース

　　Bの勝ち　　12+4=16ケース

で，ちょうど資本金の比と同じに 3：1 になっていることがわかります．

このようにして，一般に50%のか̇け̇では，資本金の比と最後の勝利をおさめる比とが一致することが証明されています．金持ちは金持ちであるがゆえに，ますます富んでいくという，経済の原則がここにもあるのでしょうか．いやーな感じです．

どちらかが破産するまで勝負するという条件のか̇け̇で，期待値を計算してみましょう．Aの資本を C_A，Bの資本を C_B と書くと，A，Bが勝つ確率は，それぞれ C_A, C_B に比例するという条件と，Aの勝つ確率とBの勝つ確率との和が1になるという条件から

$$\text{Aが勝つ確率} = \frac{C_A}{C_A + C_B}$$

$$\text{Bが勝つ確率} = \frac{C_B}{C_A + C_B}$$

となります．また，Aが勝っても，Bが勝っても，いただける金額の総計は $C_A + C_B$ ですから，期待値はつぎのようになります．

$$Aの期待値 = \frac{C_A}{C_A+C_B} \times (C_A+C_B) = C_A$$

$$Bの期待値 = \frac{C_B}{C_A+C_B} \times (C_A+C_B) = C_B$$

すなわち，Aは C_A だけ投資をして C_A だけかせぐのが平均ですから，とくにもうけやすいというわけではありません．Bも C_B だけ投資をして C_B だけかせぐのが普通ですから，とくに損をするわけでもありません．したがって，金持ちと貧乏人とがかけをしたとき，金持ちのほうが割がよいというのは誤りです．

もし，金持ちのほうが割がよいとすれば，それは確率に責任があるのではなくて，ほかに原因があるのだと思います．たとえば，貧乏人はあまり大きくないかけでも，すぐどきどきして頭に血がのぼり，平静を失ってとんでもないへまをやってしまう，というようなところに原因があるのではないでしょうか．

これで，確率の女神は貧乏人にも金持ちにもまったく公平にほほ笑んでくれていることがわかりました．ご同慶のいたりです．気をよくしたところで，一つクイズを解いてみてください．

クイズ

もう一度，140ページの図を見てください．この図は，Aの資本が3個，Bの資本が1個の場合，確率50％のかけで勝敗がどう推移するかを表わしたものでした．よく調べてみると

	A	B	その比
1回戦後の勝ち数	1	0	無限大
2回戦後の勝ち数	2	0	無限大
3回戦後の勝ち数	5	1	5
4回戦後の勝ち数	10	2	5
5回戦後の勝ち数	22	6	3.7
6回戦後の勝ち数	44	12	3.7

Ⅶ　もうけを予測する

であることがわかります．もし，3回戦で打ち切るという約束でかけをしたとすれば，AはBの5倍も相手を破産させる確率を持っています．ということは，Bの3倍の投資をしても，十分に採算がとれて，しかもおつりがきそうなものです．この例からもわかるように，貧乏人が金持ちと対等に勝負できるのは，必ずどちらかが破産するまでかけを続ける，という条件付きの場合に限られており，短期決戦であれば，やはり金持ちのほうが割がよい(投資額よりも期待値が大きい)のでしょうか．

　〔**ヒント**〕　勝負のついていないケースの損得も考えに入れて，期待値を計算してみてください．　　　　　　　　　　　(答は☞ 315ページ)

VIII. ゲームの理論

ゲームのなりたち

　トランプや碁のような遊びから，テニス，野球などのスポーツ，さらには企業間の経済競争あるいは戦争や国際間の政略にいたるまで，規模の大小や楽しさの違いなどはありますが，当事者が，それぞれ自分に有利な結果を得ようとして，相手ときそい合う，そういう争いを，私たちはゲームと呼ぶことにします．私はゲームという言葉が好きです．闘争という言葉の持つ血なまぐささがなく，冷静に，論理的に取り扱えそうな感じがするからです．ゲームは，相手が人間であることもあり，経済情勢とか気象状態であることもあり，自分自身の心理や体調であることもあります．

　ところで，ゲームに参加していると，うつべき手がいくつかあって，その中のどれか一つを選ばなければならない場合が，つぎからつぎへと起こってきます．そのときの手の選び方が上手か下手かで，個人や

企業や国家が繁栄するか衰退するかが決まっていきます．したがって，いくつかのうつべき手の中からどれを選ぶか，ということがゲームの勝敗のかぎを握っているわけです．うつべき手の選び方に対して，理論的な根拠を与えようというのが，ゲームの理論です．

いくつかの手のうち，どれか一つを選ぶ必要があるときでも，つぎのような場合には，決心はきわめて容易です．

第1の手をとれば　　損も得もしない
第2の手をとれば　　1万円もうかる
第3の手をとれば　　5万円もうかる
第4の手をとれば　　2万円もうかる

私なら，ちゅうちょなく第3の手を採用します．皆さんはいかがでしょうか．こういう種類の問題もゲームの中にはいくらでも起こります．飛車か歩かのどちらかを取られる形になったとき特別な事情がなければ，歩をぎせいにして飛車を逃がすのがあたりまえです．飛車が取られるのに気が付かず，歩を逃せば，それはオーミステイクです．ポカというのは，こういうときに使う言葉なのでしょう．このような単純な問題は，なにもゲームの理論で取り上げて論ずるほどのことはありませんので，ゲームの理論では，もう少し複雑な問題を対象とします．

いま，選びうる手が3つあるとして，それを1の手，2の手，3の手と呼ぶことにします．それぞれの手を選んだときのもうけは，相手の出かたによってかなり異なり，もうけの大きさは

1の手をとると　　−2万円〜0
2の手をとると　　　0〜1万円
3の手をとると　　−1万円〜3万円

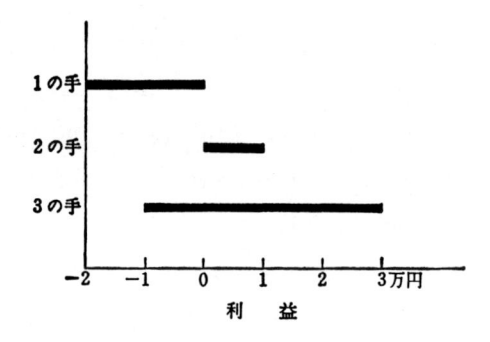

の間にあることがわかっている場合について考えてみます。1の手，2の手，3の手のうち，どれが最もすぐれた手といえるでしょうか．

まず，1の手と2の手を比較してみると，決定的に2の手のほうが優れていることがわかります。2の手を選んだときの最悪のもうけと，1の手を選んだときの最大のもうけとが同じなのですから．ところが，2の手と3の手とを比較してみると，どちらが良い手であるかについて，議論が分かれます。気の強い人は，相手の出かたによっては，マイナス1万円のもうけ，つまり1万円の損になることも承知のうえで，それでも3万円もうかるかもしれない3の手を選ぶでしょう。気の弱い人は，もうけは小さいけれども，確実にいくらかのみいりになる2の手を選ぶだろうと思われます．また，気の強い弱いばかりでなく，現在の境遇が，地道にこつこつとかせげばよい状態なのか，あるいは，ばくちをうつ必要がある状態なのかという情勢によっても，手の良し悪しの判断は異なってきます。このようなとき2の手と3の手のどちらを選ぶのが，客観的には有利であるかを判断するための考え方が，ゲームの理論です．

しばらくの間，一般的な形で話を進めさせていただきます．AとB

とが2人でゲームをします．Aには，選ぶべき手が3つあり，それを A_1, A_2, A_3 の手としましょう．これに対して，Bには選ぶべき手が4つあって，それらを B_1, B_2, B_3, B_4 の手と呼ぶことにします．Aが A_1 を選びBが B_1 を選んだときには，Aは4のもうけ，またAが A_1 を選びBが B_2 を選んだとき

Aの利得表

Bの手 Aの手	B_1	B_2	B_3	B_4
A_1	4	-4	-3	-5
A_2	3	2	1	2
A_3	-2	4	-5	3

には，Aは4の損……というように，AとBの手の組合わせのすべてについて，Aからみたかせぎが表のとおりであるとします．この表をAの**利得表**といい，このように，AとBとの2人で行なわれるゲームを，**2人ゲーム**と呼びます．また，AのもうけがそのままBの損失になるようなゲームを**零和ゲーム**と名付けています．これに対して，2人の利得の合計が零にならないゲームは，非零和ゲームといわれます．この表のゲームは，したがって零和2人ゲームと呼ぶことができ，これが最も基本的なゲームの形です．

損失を最小にする手

さて，Aの利得表としばらくの間にらめっこです．Aはどの手を選ぶべきでしょうか．Bが B_1 を採ってくれるかもしれない，と希望的に観測して，最大のもうけを得ようと A_1 を選んだとします．Bが B_1 を選んでくれれば，おもわくどおり4のかせぎで，にこにこなのですが，A_1 を選ぶという秘密がBに洩れたのか，あるいは単なる偶然か，Bが B_4 の手をうつと5もとられてしまうので被害じん大です．どう

も A_1 はあまり良い手ではなさそうです.それでは,A_2 はどうでしょうか.かせぎは細かくて,ガッポリいただくわけにはいきませんが,Bがどの手を選ぼうとも,少なくとも1以上のもうけにはなります.A_3 はBの手によっては,4とか3とかのかなりのかせぎも期待できますが,へたをすると,かなりの損失が生ずるかもしれません.このようなときには

(1) 少なくとも□以上の利益がある.

(2) 多くとも□以下の損失である.

という2つの観点から考えてみるのが,妥当と考えられます.そして,(1)は大きいほど(2)は小さいほど,良い手であることになります.ところが,この(1)と(2)とは,まったく同じことをいっているにすぎません.たとえば,A_1 の手では,一番少ない利益は -5 ですし,最も大きな損失は5ですから,'利益'と'損失'というものの見方によって符号が+か-になるだけのことです.整理してみますと

	A_1	A_2	A_3
(1) 少なくとも□以上の利益がある	-5	1	-5
(2) 多くとも□以下の損失である	5	-1	5

となります.(1)は大きいほど,(2)は小さいほど良いのですから,この場合は A_2 が最も良い手ということができましょう.

一方,Bの側から考えてみます.Aが4だけもうければ,Bは4だけ損をするのですから,Aの利得表とBの利得表は+-の符号が反対だけで数値は同じです.一般

Bの利得表

Aの手 \ Bの手	A_1	A_2	A_3
B_1	-4	-3	2
B_2	4	-2	-4
B_3	3	-1	5
B_4	5	-2	-3

VIII ゲームの理論

に，Aの側から考えるときにはAの手を縦に，Bの側から考えるときにはBの手を縦に並べるのがふつうのようです．さて，Bの側から眺めてみると

	B_1	B_2	B_3	B_4
（1）少なくとも□以上の利益がある	-4	-4	-1	-3
（2）多くとも□以下の損失である	4	4	1	3

ですから，Bにとっては，B_3 が最も健全な手であることがわかります．

このように考えて，Aは A_2 をBは B_3 を選ぶことにしました．ゲーム1回についてAが1ずつもうけていくことになります．Bにとっては，しゃくの種です．しかし，B_3 以外の手を使えば，損失は大きくなるばかりです．また，Aがスパイを出して，Bの手は B_3 だということを探り出したとしても，Aは手を変更する必要がないことを知るだけです．BがAの手を探り出しても，やはり B_3 以外の手に変更する理由はまったくありません．要するに，$A_2 \sim B_3$ という手の組合せは，自分の秘密が洩れようと，相手の秘密を知ろうと，$A_2 \sim B_3$ 以外の手に変更されることがない，まったく安定した手であることになります．このようなとき，A_2, B_3 を**ミニマックス手**といい，これを**このゲームの解**であるといいます．

このときの値，Aからみれば 1，Bからみれば -1 は，Bの利得表によれば，3行めの中で一番小さく，2列めの中で一番大きな値になっています．ちょうど，鞍のまん中の点に似ているので，**鞍点**または**サドル点**と呼ぶことがあります．

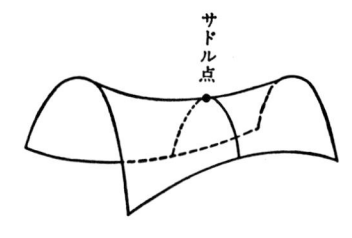

ゲームによっては,サドル点が2つ以上あることもあるし,またサドル点がない場合もあります.たとえば,Aの利得表が左のような場合には,$A_1 \sim B_1$ と $A_1 \sim B_3$ とがともにサドル点で,ゲームの解です.現実の問題としては,Bは少しでも有利な B_3 のほうを選び,B_1 は採用しないで

	B_1	B_2	B_3
A_1	1	2	1
A_2	-2	4	-6

しょうが,Aが A_1 を使用している以上,どちらでも同じことで,Bはゲームごとに1ずつ損をする宿命にあるのです.

手を混ぜて損失を最小にする

つぎの問題は,もう少しやっかいで,やっと確率に活躍のチャンスがめぐってきます.Aの利得表が左のような場合を考えてみてください.Aが A_1 ばかりを使っていると,そのうちにBはそれに気付いて

	B_1	B_2
A_1	2	-2
A_2	-1	1

B_2 を使うようになるでしょう.かといって,A_2 ばかりを使っていれば,相手は B_1 を使って対抗してくるでしょう.いずれにしろ,同じ手ばかりを使っていたのでは勝目はあり

ません.Bが B_1 を使いそうなときには A_1 を,B_2 を使いそうなときには A_2 を使うのが勝利への道です.そのためには,相手がどの手を使うつもりであるかを探り出すのが,最も確実です.古今東西を通じて,スパイが活躍するゆえんです.しかし,どうしても相手の方針を探り出すことができなければ,A_1 と A_2 とを適当に混ぜて使うほかありません.適当に混ぜて使うということがわかりにくければ,ジャンケンで考えてみてください.ただし,チョキ抜きのジャンケンで

す. そして, AとBとがともにグーを出し
たときには, AはBから2円もらう, Aが
グーでBがパーならAはBに2円あげる,
というように約束をしてゲームをするの

A＼B	グー	パー
グー	2	-2
パー	-1	1

だ, と考えれば, 手を混ぜるという意味がわかると思います. このように, 2つ以上の手を混ぜて使うとき, **混合手**といい, サドル点があって, ただ一つの手だけを使うときには**純粋手**といわれています.

さて, サドル点がなく, 混合手を使ってゲームを行なうときには, どのような割合で手を混ぜるのが最も有利であるかが, 問題になります. そこで, Aは x の確率で A_1 を使い, $1-x$ の確率で A_2 を使うとしてみます. x をどれだけにするのが, 最も有利であるかを計算してみよう, というわけです. 一方, Bは y の確率で B_1 を使い, $1-y$ の確率で B_2 の手を使います. そうすると, 偶然にAが A_1 を使ったときに, Bが B_1 を使う確率は xy と

	B_1	B_2
A_1	xy	$x(1-y)$
A_2	$(1-x)y$	$(1-x)(1-y)$

なります. 同様に, A_1 と B_2 がぶつかる確率は $x(1-y)$, A_2 と B_1 がぶつかる確率は $(1-x)y$, A_2 と B_2 は $(1-x)(1-y)$ の確率でぶつかることになります. 上にこれらを整理して表にしてあります.

ここで, このゲームに関するAの利得の期待値を計算してみましょう. 期待値 E は

$$E = 2xy - 2x(1-y) - (1-x)y + (1-x)(1-y)$$

で表わされます. 式の形を少し変えると

$$E = 2xy - 2x + 2xy - y + xy + 1 - x - y + xy$$
$$= 6xy - 3x - 2y + 1$$

$$=6\left(x-\frac{1}{3}\right)\left(y-\frac{1}{2}\right)$$

となります.

この式は, 1回のゲーム当たりAが平均していくらもうけるだろうかという期待値が, x によっても, また y によっても変化することを表わしています. すなわち, Aが A_1 と A_2 とをどのような確率で混ぜて使うか, ということと, Bが B_1 と B_2 をどのように混ぜるか, という両者の戦術によって, Aのかせぎの期待値が決まってくることになります.

この式で

$$y=1$$

としてみましょう. Bは B_1 の手だけを使うとしてみるのです. そうすると

$$E=3\left(x-\frac{1}{3}\right)=3x-1$$

という簡単な1次式になります. これは

$x=1$ なら $E=2$

$x=\dfrac{1}{2}$ なら $E=0.5$

$x=\dfrac{1}{3}$ なら $E=0$

$x=0$ なら $E=-1$

であることを意味しています. くどいようですが, 少しかみくだいて説明すると, Bが B_1 だけを使っているとき, Aが A_1 だけを使えば利益は1回当たり 2, A_1 と A_2 を半分ずつ混ぜて使えば, 利益の期待値は 0.5, A_1 を 1/3, A_2 を 2/3 ずつ混ぜて使うと, かせぎの平均

は 0, A_1 をまったく使わなければ，1 回当たり 1 の損失，ということを表わしています．

また

$$y = \frac{1}{2}$$

いいかえると，B が B_1 と B_2 とを半分ずつ混ぜて使っているならば

$$E = 6\left(x - \frac{1}{3}\right)\left(\frac{1}{2} - \frac{1}{2}\right) = 0$$

となりますので，A が A_1 と A_2 とをどのような割合で混ぜて使っても，期待値は 0 だということがわかります．

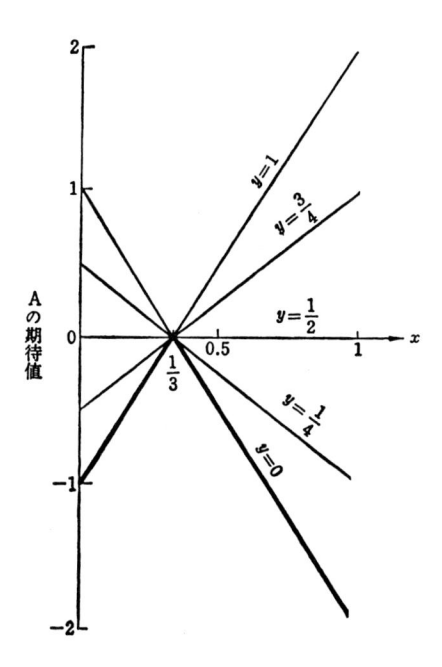

x と y と E との関係をグラフに書いてみると,前の図のようになります.この図はなかなか,イミシンです.y が 1/2 より小さいときには,x が 1/3 より小さければ期待値はプラス,x が 1/3 より大きければ期待値はマイナスですし,y が 1/2 より大きいときには,その逆になっています.Aとして採るべき戦術を決めるために,ミニマックスの考え方にしたがってみましょう.「少なくとも,それ以上の利益がある」および「多くとも,それ以下の損失である」という'それ'は,x の変化につれて図の中に太い線で表わした値になっています.そして,その線上で,最も利益の大きい点は x が 1/3 のところです.ですから,Aの立場に立ってみれば,ミニマックスという意味で x を 1/3 にするのが,つまり A_1 の手と A_2 の手とを1対2の割で混ぜて使うのが最も良い手だということになります.

つぎに,Bの立場から B_1 の手と B_2 の手の混ぜ方を研究してみます.Bの期待値は,Aの期待値と正負の符号だけが反対になります.Aのもうけた分だけBの損失となり,Bのもうけは,とりも直さずAの損失なのですから.そこでBの期待値は

$$E = -6\left(x - \frac{1}{3}\right)\left(y - \frac{1}{2}\right)$$

と書くことができます.この式を前と同じように図で表わすと,次ページのようになります.Bにとっては,ミニマックスという意味で,y を 1/2 にするのが最良の手であることがわかります.

Aが x を 1/3 とし,Bが y を 1/2 としたとき,各回のゲームでは,偶然によって勝ったり負けたりするのですが,互いに期待値は0なのですから長い目でみると,AとBの両者はまったく互角です.サドル点のときと同じように,どちらかが相手の手のうちを探り出した

Ⅷ ゲームの理論

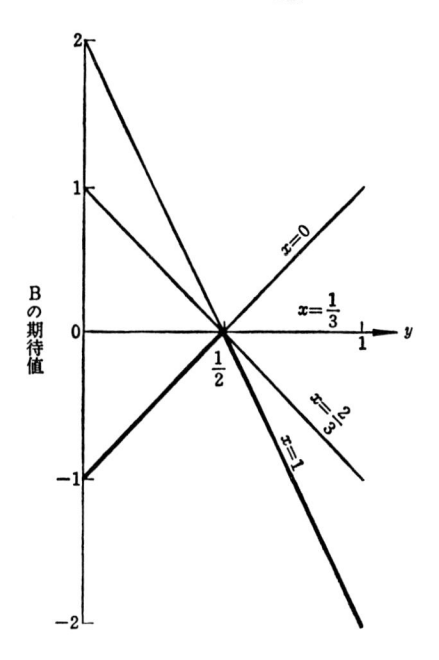

としても，自分の手を変更して，今まで以上の戦果をあげることはできません．こういうとき，AとBの両者の作戦（$x=1/3$, $y=1/2$）を最適の混合手といいます．また，そのときの期待値をゲームの値と呼んでいます．ゲームの値は，この例ではたまたま0でしたが，0でないことも少なくありません．

現実の問題としては，Aのとるべき戦法は，つぎのとおりであると考えられます．

（1）つぎのゲームで，Bがどちらの手を使うかを知ることができるならば，B_1 に対しては A_1 を，B_2 には A_2 を使います．

（2）相手の使う手を知ることができなければ，x を 1/3，すなわ

ち A_1 を 1/3, A_2 を 2/3 の割合で混ぜて使い, 相手の B_1 と B_2 の混ぜぐあいを観察します.

(3) もし, B_1 のほうが B_2 より余計に使われていることがわかったら, A_1 の割合を少しだけふやします. きっと, 少しずつもうかっていくことでしょう. けれど, あまり勝をあせって A_1 を急にふやすと敵に意図を察知されてしまいます.

(4) B_2 のほうが B_1 よりたくさん使われていることがわかったら, A_2 の割合を少しふやせば, 有利にゲームを進めることができるでしょう.

(5) 相手の戦法がよくわからなければ, A_1 を 1/3, A_2 を 2/3 の割合で混ぜて使うのが安全です.

(6) 相手もこちらの戦法を解析していることがわかったら, A_1 を 1/3, A_2 を 2/3 の割合を持続するしか妙案はありません.

残念さを最小にする手

ゲームに臨む方針には, いろいろな考え方があります. どんな危険をおかしてでも, 常に最大の可能性に向かって猪突猛進というのも, あまり利口じゃありませんが, 一つの生き方でしょう. そういう元気のよい人からみると, ミニマックスの考え方にしたがうとは, なんとめめしい腰抜け野郎だと思えるかもしれません. たしかにある意味ではそうです. ミニマックス手は, 被害を最小にとどめる, という意味で, 健全な手なのですから. ミニマックスの考え方は, 利害が真向こうから対立する競争相手があって, 互いに相手の手のうちを探り合いながら, はげしい競争をする場合に, 適した戦術だと考えられます.

Ⅷ ゲームの理論

これとは、やや趣きの異なったもう一つの戦術をご紹介しましょう。前と同じように、Aの利得表が右のようである場合を考えます。

	B_1	B_2
A_1	2	-2
A_2	-1	1

Aが A_2 の手を使ったときに、Bが B_1 を使ったのでAは1だけ損をしてしまいました。もし、A_1 を使っていれば、2だけもうかったはずなのに！ それでいま、A_2 を出したのは差し引き3だけ「残念でした」ということになります。というわけで、A_2～B_1 のますに、3と書きます。A_1～B_1 のますは、Aにとってはまったく満足な結果なので「残念でした」は0です。Bが B_2 の手を使ったときには、A_1 の手は「残念でした」が3になります。このように、「もっとかせげたはずなのに残念でした」

Aのリグレット表

	B_1	B_2
A_1	0	3
A_2	3	0

という値を**リグレット**（regret: 残念）といいます。この場合のAのリグレット表はごらんのとおりです。

このリグレットの期待値が最小になるように、A_1 と A_2 とを混ぜて使うのも、Aにとっては、なかなか良い戦術です。さっそく計算してみましょう。前と同様に、Aが A_1 を使う確率を x、Bが B_1 を使う確率を y とすると、151ページの確率の表を参照して、Aのリグレットの期待値 R は

$$R = 3x(1-y) + 3(1-x)y$$
$$= -6xy + 3x + 3y$$

となります。これをグラフに書いてみると次ページの図のようになります。y がいろいろな値になることを考えると、「多くとも、リグレットはそれ以下である」という'それ'は、x の変化につれて図の中に

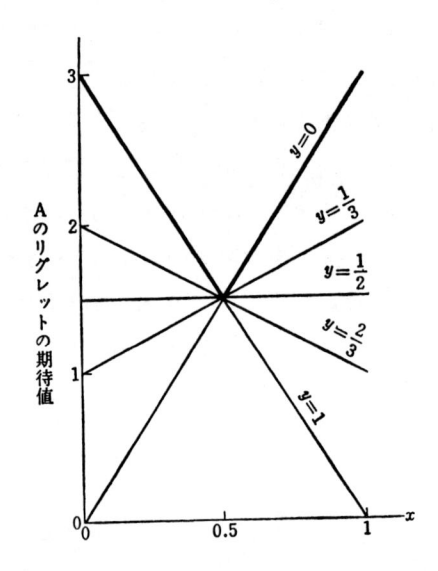

太い線で表わした値になっています。そして，その線上でリグレットが最も小さいのは，x が 1/2 のところです。Aの立場からみれば，かせぎそこねた無念さを最小にするという意味で，これもなかなか味のある手です。これを**ミニリグレット手**といい，この例の場合では，A_1 と A_2 とを半分ずつ混ぜて使用する戦法を意味しています。

Bについても同じように，利得表からリグレット表を作り，リグレットの期待値を

$$R = 4xy + 2(1-x)(1-y)$$

によって計算してみると，次ページの図のようになります。Bにとってのミニリグレット手は y を 1/3 にすることでした。

ミニリグレット手は，相手が景気変動とか天候などの場合に多く使われます。こちらの手の中を盗み見して作戦を変更するなどというひ

VIII ゲームの理論

	A_1	A_2
B_1	-2	1
B_2	2	-1

Bのリグレット表

	A_1	A_2
B_1	4	0
B_2	0	2

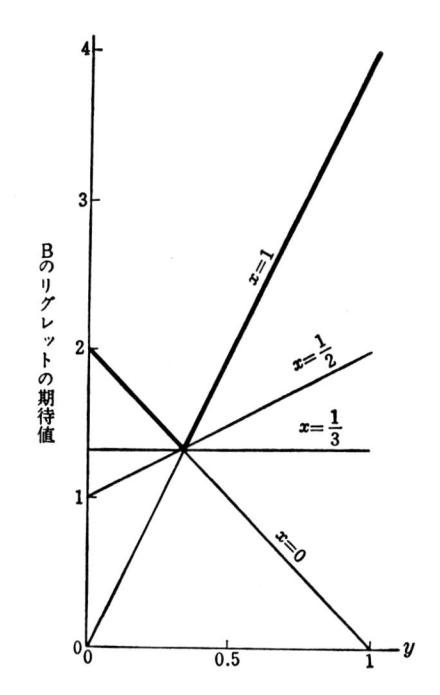

きょうなまねは, けっしてしない相手ですから.

生きているうちに頭を使おう

　零和2人ゲームについては, いつでもゲームの解を求められることがわかっています. 3人以上のゲームや零和でないゲームについても, いろいろと研究されていますが, まだ完全に理論が確立されているとは言えないようです.

　零和2人ゲームでも, サドル点があれば, 確率のお世話にならなく

ても，最適の純粋手は容易に見付かることはすでに述べました．また，サドル点がなくて最適の混合手を求めなければならないときでも，両者の手が2つずつのときには，簡単な期待値の計算で，ゲームの解が容易に求められることも，今までの例でおわかりのことと思います．

	B_1	B_2	B_3
A_1	4	-4	-4
A_2	3	-5	-4
A_3	-1	-1	0
A_4	-2	2	2

	B_1	B_2	B_3
A_1	4	-4	-4
A_3	-1	-1	0
A_4	-2	2	2

	B_1	B_2
A_1	4	-4
A_3	-1	-1
A_4	-2	2

ところが，零和2人ゲームでも，両者の選びうる手が3つ以上あると，一般にはちょっとめんどうです．しかし，よく現われるゲームには，頭の使いようで見かけよりずっと簡単に解ける形があるものです．左の表を見てください．Aの手が4つ，Bの手が3つあるときのAの利得表です．この表を注意深く観察すると，A_2 の手は確実に A_1 より劣ることがわかります．Bのあらゆる手に対して，A_2 のほうが A_1 より劣るか，せいぜい等しいにすぎないからです．そこで，A_2 を無視してしまいますと，Aの手が3つ，Bの手が3つになりました．それを，もう一度にらんでみますと，今度はBの立場からみて，B_3 が B_2 に劣ることがわかりますので，B_3 も除いてしまいましょう．Aの手が3つ，Bの手が2つでずいぶん簡単な表になってきました．

ここで，もう少し知恵をしぼります．Aの3つの手のうち2つを適当に混ぜて使ったとき，その混合手が，残りの1つの手より確実に良い手である，ということがないものでしょうか．まず，A_1 と A_3 とで

混合手を作ってみます. A_1 を x, A_3 を $1-x$ の確率で混ぜた手が, 確実に A_4 より良い手であるためには, x がある値のときに

$$\begin{cases} 4x-(1-x) \geq -2 \\ -4x-(1-x) \geq 2 \end{cases}$$

が同時に成り立たなければなりません. これを書き直すと

$$\begin{cases} x \geq -\dfrac{1}{5} \\ x \leq -1 \end{cases}$$

となります. 確率 x がマイナスであることなど絶対にありえませんから, A_1 と A_3 とで混合手を作る試みはうまくいきませんでした.

つづいて, A_1 と A_4 とで混合手を使って, それが常に A_3 より良い手であることがありうるかどうかを調べてみます. A_1 を x, A_4 を $1-x$ の確率で混ぜ合わせた手が, 確実に A_3 より良い手であるためには, x がある値のとき

$$\begin{cases} 4x-2(1-x) \geq -1 \\ -4x+2(1-x) \geq -1 \end{cases}$$

が同時に成立することが必要です. これを書き直すと

$$\begin{cases} x \geq \dfrac{1}{6} \\ x \leq \dfrac{1}{2} \end{cases}$$

となります. すなわち, x が

$$\dfrac{1}{6} \leq x \leq \dfrac{1}{2}$$

であれば, A_1 と A_4 とを混ぜた手は確実に A_3 より良い手であることことがわかりました.

	B_1	B_2
A_1	4	−4
A_4	−2	2

そこで，A_3 の手を除いてしまいます．A の利得表は前ページのように簡単になってしまいました．この形になれば，あとはお茶の子さいさいです．一気にミニマックス手を計算してみましょう．前と同じように，A は A_1 を x，A_4 を $1-x$ の確率で使うとし，B は B_1 を y，B_2 を $1-y$ の確率で混ぜて使うものとします．そうすると，1 回のゲーム当たりの A の期待値 E は

$$E = 4xy - 4x(1-y) - 2(1-x)y + 2(1-x)(1-y)$$
$$= 12xy - 6x - 4y + 2$$
$$= 12\left(x - \frac{1}{3}\right)\left(y - \frac{1}{2}\right)$$

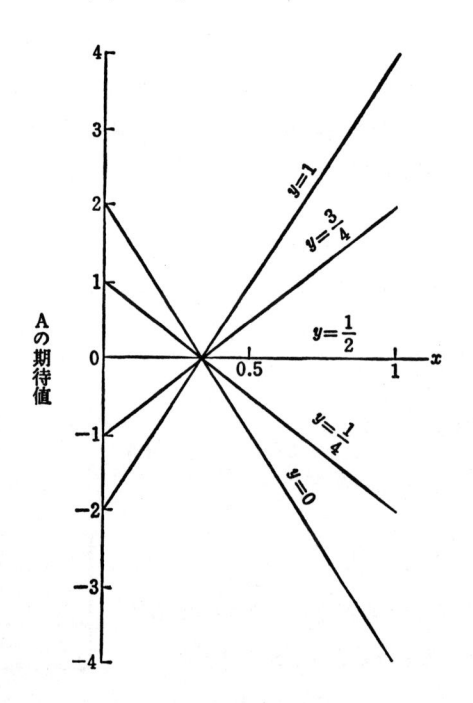

となります．これは，151ページのときのちょうど2倍の値で，図示すると前ページのようになります．すなわち，ミニマックス手は x が 1/3 であるように，つまり A_1 を 1/3, A_4 を 2/3 の割合で混ぜた混合手であることがわかりました．x は

$$\frac{1}{6} \leq x \leq \frac{1}{2}$$

の条件を満足していなければなりませんが，この条件にも合格しています．

　これで，Aの手が4つ，Bの手が3つというめんどうなゲームを，簡単な計算だけで解くことができました．いつも，こんなにうまくいくとはかぎりませんが，やってみて損のない試みです．なお，手の数が3つ以上で，この例のように，手の数を2つまで減らすことができない場合に，ゲームの解を見付けるには，ちょっとやっかいな計算をしなければならないのがふつうです．

アイスクリームとホットドッグ

　しばらくの間，一般論が続きましたので，具体的な例でゲームの理論を使ってみることにします．ある遊園地で，アイスクリームとホットドッグを売っているおばさんがいるとします．このおばさんは夕方になると毎日，ゆーうつです．夕方に，明日の仕入れの予約をしないといけないのですが，予約の数量をいくらにしたらよいかいつも迷ってしまうからです．資金を全部アイスクリームにつぎ込むと，明日がうまいぐあいに暑い日であれば6万円のもうけとなって，ごきげんなのですが，もし涼しいと売れ残りが多くなって，返品をしたり保管を

意志の決定はゲームの理論で

依頼したりするので，差し引き1万円の赤字になってしまいます．かといって，ホットドッグだけを仕入れると，涼しい日には3万円の利益になるのですが，暑いと2万円の赤字になってしまいます．おばさんは，長年の経験から，資金をアイスクリームとホットドッグとに分けて投資することを覚えましたが，いくらずつに分けるのが最も得なのかがよくわからなくて，毎日，頭をなやましているのです．

	暑 い	涼しい
アイスクリーム	6万円	−1万円
ホットドッグ	−2万円	3万円

そこで，覚えたてのゲームの理論をさっそく応用して，おばさんのコンサルタントをつとめてみたいと思います．まず，おばさんの利得表を整理すると上の表のようになります．ちょっと気のきいた方な

VIII　ゲームの理論

ら、この表をにらんだだけで、いくらかのヒントがえられるようです。アイスクリームで得る利益とホットドッグで得る利益とを比べると、6万円対3万円でアイスクリームのほうが大きく、生ずるかもしれない損失は、ホットドッグのほうが大きい。したがって、どっちへころんでもアイスクリームのほうが有利、混ぜて仕入れるとすれば、アイスクリームに多くの資金を使い、ホットドッグのほうは少しにすればよい、と考えられます。

おばさんの採りうる手は、「アイスクリームを仕入れる」という手と、「ホットドッグ」を仕入れるという手の2つですが、利得表からわかるようにサドル点がありませんので、この2つの手を適当に混ぜ合わせた混合手を考えて、最適の手を見いだす必要があります。そこで、「アイスクリームを仕入れる手」を x, 「ホットドッグを仕入れる手」を $1-x$ の割合で混ぜて使うことにします。また、このゲームの相手は天候なので、長年のデータから暑い日と涼しい日の割合を仮定したり、天気予報によって予想したりするなど、いろいろな対策が取りえますが、一応、明日が暑い確率を y, 涼しい確率を $1-y$ としてみます。そうすると、明日のもうけの期待値を計算することができます。なお、このゲームは零和ゲームではありません。零和ゲームでないときの理論は、まだ完全には解明されていないと前に書きましたが、それは、零和ゲームでないと相手と協議して同盟関係を成立させ、競争するよりも互いに大きな利益を得ることができる場合などがあるからで、この例のように、相手が相談にのってくれる可能性がないときには、単純に期待値を計算してさしつかえありません。

期待値はつぎのように計算されます。単位は万円とします。

$$E = 6xy - x(1-y) - 2(1-x)y + 3(1-x)(1-y)$$

$$=12xy-4x-5y+3$$

これは，x と y との両方によって決まる値ですので，y のいろいろな場合について，x と E の関係をグラフを画いてみると下のようになります．さて，この図からいろいろなことがわかります．まず，おばさんがきわめておだやかな考え方の人で，少なくてもよいから毎日着実にかせぎたいと考えるなら，ミニマックスの手を選べばよいわけ

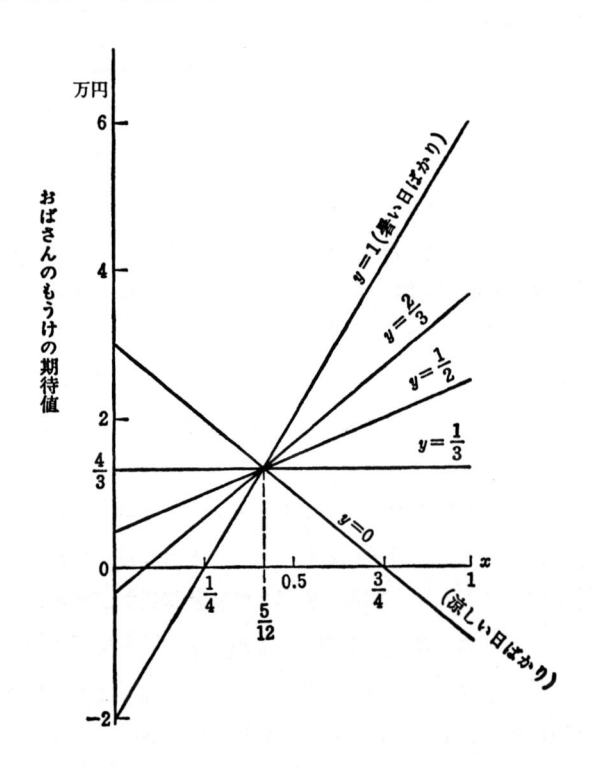

ホットドック ⟷ アイスクリーム

です．ミニマックス手は x が5/12, すなわち資金の5/12はアイスクリームの仕入れにまわし，残りの 7/12 はホットドックの仕入れにまわせばよいのです．こうすると，暑さ涼しさには関係なく毎日13,333円の利益を上げることができます．

　長年のデータから，暑い日である確率がわかっている場合はどうでしょうか．y が1/3より大きいなら，つまり暑い日が1/3以上あるならば，x はもっと大きくしたほうが得策です．思いきって $x=1$, すなわち資金の全額をアイスクリームに投資してしまうのが，最ももうけが大きいことになります．日によっては売れ残ったアイスクリームをかかえて，しょんぼりすることも少なくありませんが，がっぽりと荒かせぎをすることも少なくなく，長い間の総利益は大きくなるというわけです．

　一方，暑い日である確率が1/3以下ならば，ホットドックに全額を投資するのが最も利益を大きくする道です．

　このおばさんのように，長い期間にわたって商売を続けるなら，$y=1/3$ を境にして，それより y が大きければアイスクリームに，y が小さければホットドックにすべてをかけるのが長い期間についてみれば，結局は得になるのですが，学生アルバイトのように短期間の勝負では，暑い日の確率が1/3より大きいからといって，全額をアイスクリームに投資し，不運にも涼しい日が数日続いたために赤字になってしまったのでは，元も子もありません．そういうときには，ミニマックス手を使って確実にかせぐか，少なくとも，x を1/4と3/4との間にして，赤字だけは防ぐようにするのが良策と思われます．

　さきほど，おばさんの利得表だけをにらんだだけで，ちょっと気のきいた方ならアイスクリームに資本の過半を投ずるのがよいと考える

データにだまされ
ないこつは……

だろう，と書きました．多くの方が，そうだ，とお思いになったことと，まことにいかんに存じます．その後の検討で，一がいにそうとも言えないことがわかりました．ミニマックス手は，ホットドッグに半分以上を投資すべきだと教えてくれますし，もし，y が 1/3 より小さいときには，ホットドッグになるべくたくさん投資をしたほうが得なのですから．私達がこういう表を見るときには，つい，すべての欄や数字を同じウエイトで評価してしまいます．いいかえれば，暑い日と涼しい日が半分ずつあるように感じてしまうのです．もし，半分ずつなら $y=1/2$ ですから，たしかにアイスクリームに投資をするほうが有利です．ところが，表では同じように肩を並べている数字であっても，それが発生する確率が異なれば，当然，全体の中で占めるウエイトも異なってくるのですから，私達は表や数字を見るときには，それが発生する確率を同時に考える習慣を身につけるべきです．それが，表やグラフやデータにだまされないこつではないでしょうか．

IX. 偶然を作り出す

偶然を作ろう

 ゲームの理論の話の中に，A_1 の手を 1/3 の確率で，A_2 の手を 2/3 の確率で混ぜて使うというような言葉を使いました．それでは具体的に，どのように混ぜればよいのでしょうか．A_1，A_2 というのは紛らわしいので

　　グー を 1/3

　　パー を 2/3

の確率で混ぜて使うという場合を例にとって，話を続けます．

 3回のうち，1回はグー，残りの2回はパーになるようにすればよいのですから，その最も簡単な混ぜ方は

　　グー，パー，パー，グー，パー，パー

を規則正しく繰り返すことです．しかし，このような使い方をすれば，敵はすぐその規則性を見破り，それに対して，確実に勝てる手を選ん

でくるに違いありません。だいたい，これではグーの確率が1/3であるとはいえません。そもそも，確率というやつは，つぎにグーが現われる可能性が1/3あるというだけのことで，グーが出るかパーが出るかは，やってみなければわからない，というところがミソであるのですから。

それでは，グーとパーとをでたらめに出しながら，それまでに使ったグーの回数とパーの回数とをそっとメモしておいて，グーの回数が全体の1/3より多くなってきたら，グーを少なめに使うように心がける，という方法はどうでしょうか。この方法は，グー，パー，パーを規則的に繰り返すよりは，だいぶましです。少々とっぽい敵ならば，この方法でも結構うまくいくかもしれません。しかし，少し気のきいた敵なら，グーとパーの回数を記録して分析するぐらいのことは，やるほうがあたりまえです。そうすると，グーの割合の変動のしかたから，こちらの作戦がわけなく見破られてしまいます。作戦が見破られれば，もう負けは決まったようなものです。パーが多く使われだす頃には，敵はそれを負かす手を多めに使うので，結局はわがほうがじり貧になってしまうでしょう。

こういうときに有効な方法は，手の選び方に自分の意志を入れないで，偶然の支配にまかせることです。支配にまかせる，というよりは，自ら偶然を作り出して，積極的に偶然を利用するのです。たとえば，こんな方法です。小箱の中に，碁石を入れます。黒石を1，白石を2の割合で混ぜて入れるのです。1個と2個でもいいし，5個と10個でも結構ですし，10個と20個でもかまいません。小箱の中を見ないで，手でかき混ぜ，石を1個取り出します。黒石だったらグーを出し，白石だったらパーを出します。つぎには，その石を小箱の中へ戻して，

同じことを繰り返します．こうすると，人間の意志がいらないで，グーが1/3の確率で使われ，パーが2/3の確率で使用されることになります．これならば，敵にこちらの手の中が見破られる心配はありません．自分自身にさえ，つぎの手がわからないのですから．

この方法は碁石を使わなくても，いろいろな方法が考えられます．サイコロをふることにして

   ⚀ と ⚁ は グー

   ⚂, ⚃, ⚄, ⚅ は パー

と決めておくのも1つの方法ですし，2枚の10円玉を投げて

   表，表 なら グー

   表，裏 ⎫
   裏，表 ⎬ なら パー

   裏，裏 なら 10円玉を投げなおし

としても目的は達せられます．また，トランプの1組から♡を取り除いて，残りの39枚をよくきっておき，でたらめに1枚のカードを取り出して

   ♠   なら グー

   ◇か♣ なら パー

としても結構です．

乱数のはなし

積極的に偶然を作り出して，その偶然を利用するという手法は，いろいろな分野で利用されています．一つの例が'抜取り'です．その性格を理解するために世論調査を考えてみます．ある新聞社が，某政

応用編

　党の支持率を知るために，世論調査を計画したとします．日本の有権者数は1億人をくだらないでしょうから，日本の有権者全員にアンケートを求め，その結果を集計し分析するということは，一つの新聞社では，とてもなし得ることではありません．すべての有権者に往復はがきで回答を求めるとすると，郵便代だけでも100億円ぐらいはかかってしまいます．こういう調査では，回答を集めるまでの費用と，それらを集計し分析する費用とがほぼ同じくらいになるのがふつうですから，この世論調査は約200億円ぐらいかかるはずで，とても，まともな企画とは考えられません．それに，こういう方法では，世論の正しい姿をつかむことはできません．世界一，識字率が高いといわれる日本でも，やはり，文字を書くのはだいきらいだ，という人が少なくなく，この人達の所に送られた往復はがきの'復'のほうは，きっとそのまま捨てられてしまうでしょう．そして，この人達の某政党に対する支持のぐあいは，日本中の人達の意見の平均とはいくらか異なるかもしれません．そうすると，回答のあったはがきだけを集計して某政党の支持率を計算すると，それは，この人達の意見を無視したことになり，計算結果は，日本の有権者の意見を忠実に物語っているとはいえないものになってしまいます．このような計算結果のかたよりを避けるには，日本の有権者の全員にひとりひとり面接をして，回答を記録するしかないのですが，そのためには，1,000人の調査員が1日に50人ずつ面接できるとしても，調査が終わるまでに5年ぐらいはかかってしまい，その間には某政党のメンバーも有権者の顔ぶれもだいぶ変わって，いったい，何のために何の調査をやっているのかさっぱりわからなくなります．

　こういうときには，有権者のごく一部の人達，たとえば数千人を選

IX 偶然を作り出す

んで面接し,意見を聞いて,その結果から某政党の支持率を計算して,それを日本の有権者の意見であるとみなすのが,通常行なわれている方法です.

さて,それでは,数千万の有権者の中から,どうやって,この数千人を選び出すのでしょうか.選ばれた数千人の意見が,有権者全体の意見の忠実なひな型になるように,選ぶことがかんじんです.自衛隊のある基地に,ちょうど数千人の隊員がいるので都合がいいからといって,その数千人に回答を求めたのでは,その結果は,有権者の意見のひな型であるとは思えません.数千人は,都会の人に片寄ってもいけないし,田舎の人に片寄ってもいけない,女性に重点を置きすぎてもうまくないし,老人の意見が無視されてもいけない.性別,年齢,職業,収入,学歴,健康さ,居住地,自動車の有無,恋人の有無,子供の人数,その他,ありとあらゆる条件で,有権者のひな型でないと,某政党に対する考え方についても,有権者の意見を正しく代弁しているとはいえない可能性があります.

こういうありとあらゆる条件で有権者を分類し,その比に応じて代表者を選ぶということは,実際問題不可能に近いのですが,こういうときに活躍するのが偶然の利用です.日本中の有権者の中から,でたらめに数千人を選び出せば,年齢についても,職業や収入についても,健康さや美しさについても,その他,ありとあらゆる条件について,有権者のひな型ができるであろうことは想像に難くありません.

ところが,このでたらめということが,なかなかむずかしいのです.8歳になる私の娘と,彼女の友達がうちの庭で遊んでいましたので,でたらめに数字を書いてくれるように頼んで書いてもらった結果はつぎのようでした.

"でたらめ"はむずかしい

```
私の娘    8 1 0 0 2 1 3 5 1 8 5 2 3 1
          0 0 2 0 5 8 7 9 6 9 1 2 3 5
          4 7 6 9 8 1 0 1 0 0 0 9
娘の友達  3 6 1 0 5 0 8 5 5 5 0 3 2 7
          8 7 0 0 5 0 0 8 9 5 3 5 0 8
          2 8 2 0 4 9 0 2 5 1 0 2
```

なるほど,かなり無心にでたらめに書いてくれているようです.うちの娘の書いた後半に,123456789を部分的に入れ代えながら書いたところが見られますが,あとは,まあ,でたらめといえるでしょう.しかし,よく調べてみると,だいぶくせがあります.2人とも0がお好きなようで,80個の数字のうち20個が0です.逆に,4と6と7とはお気にめさないらしく,それぞれ,2個,3個,4個しかあ

IX 偶然を作り出す

りません．ですから，でたらめはでたらめでも，0から9まで公平にでたらめとはいかないようです．

一方，知性と教養に富む何々先生に，でたらめに数字を書いていただいたとすると，同じ数字があまり続くのは不自然だという感じから，同じ数字のつながりが偶然によるものより少なくなったり，0から9までの数字が同じくらいの割合で現われるように注意をはらう傾向があるのがふつうで，どうしても人為的なにおいがします．

世論調査の対象に数千人を選ぶときには，面接や集計の手数を節約したり，なるべく少ない調査で片寄らない結果を出すために，ちょっと凝った方法を使うのですが，基本的な考え方は，有権者の中からで・たらめに数千人を選び出すことです．人間のくせや意志がはいらないようにして，数千人を選ぶには，前節のグー，パーのときと同じように，碁石やサイコロを使えばよいのですが，碁石に有権者の名前を書いたり，サイコロの目の数で有権者名簿から代表者を選んだりするのは，めんどうですし，少しくふうがいります．こういうときのために，**乱数表**というのができています．乱数表には，0から9までの数字が，まったくでたらめに並んでいます．いままでに，いくつもの乱数表が発表され，そのでたらめさ加減が高等な数学を使って証明されていますが，次ページの表は，JIS につけられている乱数表の一部です．

乱数表の使い方は，目的に応じていろいろとくふうすることができます．乱数表を2桁の数字としてみると，67，11，09 というような数が並んでいますから，有権者の名簿をもってきて，はじめから67番目の人を選び，つぎは，そこから11番目の人を選び，そのつぎは，そこから9番目の人を選ぶというように，代表者を選んでいくのも，一つの使い方です．00 という数字は 100 とみなして使えばよいでしょ

乱数表　JIS Z 9031 の付表から

1	67 11	09 48	96 29	94 59	84 41	68 38	04 13	86 91	02 19	55 28
2	67 41	90 15	23 62	54 49	02 06	93 25	55 49	06 96	52 31	40 59
3	78 26	74 41	76 43	35 32	07 59	86 92	06 45	95 25	10 94	20 44
4	32 19	10 89	41 50	09 06	16 28	87 51	38 88	43 13	77 46	77 53
5	45 72	14 75	08 16	48 99	17 64	62 80	58 20	57 37	16 94	72 62
6	74 93	17 80	38 45	17 17	73 11	99 43	52 38	78 21	82 03	78 27
7	54 32	82 40	74 47	94 68	61 71	48 87	17 45	15 07	43 24	82 16
8	34 18	43 76	96 49	68 55	22 20	78 08	74 28	25 29	29 79	18 33
9	04 70	61 78	89 70	52 36	26 04	13 70	60 50	24 72	84 57	00 49
10	38 69	83 65	75 38	85 58	51 23	22 91	13 54	24 25	58 20	02 83
11	05 89	66 75	80 83	75 71	64 62	17 55	03 30	03 86	34 96	35 93
12	97 11	78 69	79 79	06 98	73 35	29 06	91 56	12 23	06 04	69 67
13	23 04	34 39	70 34	62 30	91 00	09 66	42 03	55 48	78 18	24 02
14	32 88	65 68	80 00	66 49	22 70	90 18	88 22	10 49	46 51	46 12
15	67 33	08 69	09 12	32 93	06 22	97 71	78 47	21 29	70 29	73 60
16	81 87	77 79	39 86	35 90	84 17	83 19	21 21	49 16	05 71	21 60
17	77 53	75 79	16 52	57 36	76 20	59 46	50 05	65 07	47 06	64 27
18	57 89	89 98	26 10	16 44	68 89	71 33	78 48	44 89	27 04	09 74
19	25 67	87 71	50 46	84 98	62 41	85 51	29 07	12 35	97 77	01 81
20	50 51	45 14	61 58	79 12	88 21	09 02	60 91	20 80	18 67	36 15
21	30 88	39 88	37 27	98 23	00 56	46 67	14 88	18 19	97 78	47 20
22	60 49	39 06	59 20	04 44	52 40	23 22	51 96	84 22	14 97	48 03
23	36 45	19 52	10 42	83 86	78 87	30 00	39 04	30 38	06 92	41 51
24	45 71	08 61	71 33	00 87	82 21	35 63	46 07	03 56	48 94	36 04
25	69 63	12 03	07 91	34 05	01 27	51 94	90 01	10 22	41 50	50 56

う．乱数表を2桁の数として使うと，1から100までの100個の数の平均値は50.5ですから，有権者の約 50.5 分の1がでたらめに選び出されるかんじょうになります．

代表者の数をもっと少なくしたければ，たとえば，乱数表を4桁の数字として使うこともできます．6711番目，そこから948番目，さらにそこから9629番目というように選ぶのです．そうすると，有権者の約 5000 分の1の代表者がでたらめに選び出されることになるでしょう．

前節の例のように，グーが1/3の確率，パーが2/3の確率になるようにするには，乱数表を1桁の数字のら列とみなして，0は除き

IX 偶然を作り出す

　1～3　なら　グー

　4～9　なら　パー

とすれば

　　パー，パー，グー，グー，パー，パー，パー，パー，パー，グー，……

となりますし，また2桁の数字と考えれば，00を除いて

　1～33　なら　グー

　34～99　なら　パー

と考えて

　　パー，グー，グー，パー，パー，グー，パー，パー，パー，パー，……

としても，目的は達せられます．しかし，あいつはどんな場合でもJIS付表の乱数表を頭から使ってくる，と敵に知られては困るので，乱数表を使いはじめる場所をサイコロをふって決めるといった細かい注意が必要なこともあるかもしれません．

　乱数表がサイコロやトランプより良く利用されるのは，いちいちサイコロをころがしたり，トランプをよくきって1枚だけ抜き出したりする手間がはぶけることもありますが，もう一つの理由は，それが0から9までの10個の数字で作られているので，10進法に慣れている私達には何かと便利だからです．そういう意味からいうと，10進法に使えるサイコロがあると便利です．この目的のために作られたのが正20面体のサイコロです．正多面体には，正4面体,正6面体,正8面体,正12面体, 正20面体の5種類しかないのですが，このうち，10進法にもっとも適しているのが正20面体です．正20面体は次ページの図のような形をしており，0から9までの数字が，おのおの2面ずつ書かれています．市販もされていますが，正20面体の展開図も書いておきましたので，自分で作ってみるのもおもしろいでしょう．名刺を使って，

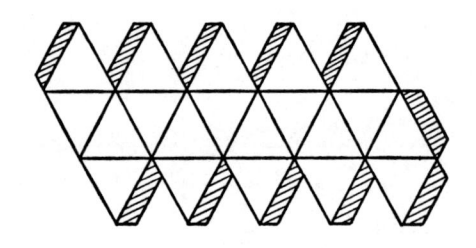

斜線部はのりしろ

1辺を1cm ぐらいにすると手ごろな大きさになるようです．手作りのものは，どうしても多少くせがありますので，何百回かふってみて，一番出やすい面と，もっとも出にくい面とに同じ数字を書くという配慮も，有効かもしれません．

あなたの英単語の知識は？

有権者名簿から代表者を選ぶ例では，乱数表を使って代表者を指名していくことにしました．それは，有権者名簿の氏名の並べ方に何らかの規則性があって，その規則性が世論調査の結果にかたよりを生じさせると困るからです．たとえば，有権者名簿が100番ごとにひと区切りになっており，区切りの最初は世帯主から始まるように並んでいたとします．こういう名簿を使って100番ごとに代表者を選ぶと，選ばれるのは全部が世帯主になってしまい，そのほとんどは男性でしょう．このような代表者の意見は，有権者全体の意見を忠実に代表するものとは考えられません．しかし，名簿の並べ方のほうに抜取りの目的に反するような規則性が何もなければ，100番おきとか，1000番おきとかに代表者を指名していっても，結果的には，でたらめに選び出

IX 偶然を作り出す

したのと同じことになります.

　私達が学生の頃,中学では1年当たり約1000語の英語の単語を覚えることになっていました.むかしは,中学校の4年か5年から高等学校の入学試験を受けたので,その試験に合格するためには,英語の単語は 5000 語は知らないといけないといわれたものでした.そこで,自分はいくつの単語を知っているかを評価する必要がありました.しかし,何千もの単語をいちいち覚えているかどうか調べるのは容易なことではありません.私達は抜取りによって,自分の単語の知識をときどきチェックしたものです.まず,1万~2万ぐらいの単語が記さいされた辞書を準備します.そして,その中からでたらめに50語ぐらいの単語を書き取ります.単語の選び方はでたらめでないといけません.知っている単語や,知らない単語ばかりを意識的に選んでしまっては,なんにもなりません.その50語のうち知っている単語の数をかぞえます.もし,20語知っていたとすると,辞書の全体の単語のうち,だいたい 20/50 ぐらいは自分の知っている単語だと考えてよいでしょう.そうすると自分の知っている単語の数は,おおよそ

$$全体の単語数 \times \frac{知っていた単語数}{選びだした単語数}$$

で推定することができます.

　辞書から単語をでたらめに選び出すには,乱数表を使う必要はありますまい.なるほど,辞書には単語がアルファベット順に規則正しく並べられてはいますが,その規則性は自分の知っている単語の数の調査には影響がありそうに思われないからです.こういうときには,10ページおきにページを開いて,そのページの一番上の単語というように抜取りのしかたを決めても,でたらめさは失われないでしょう.

ひとつ，ごいっしょに，英語の単語の知識を調べてみましょう．私の手もとに444ページの小辞典があります．単語がいくつはいっているかわからないので，まず単語の数を調べます．これも抜取りでやってみます．20ページ，40ページ，60ページというように20ページおきにページを開いて，そのページの単語の数をかぞえると，つぎのようになりました．

22 22 17 15 18 23 35 17
25 25 27 18 20 19 26 24
22 27 17 19 12 22

これらを平均すると21.4です．つまり，1ページ当たり平均21.4語の単語がはいっていることになります．全部で444ページありますから，この小辞典の総単語数は，だいたい

21.4×444≒9500 語

であると考えます．さて，今度は10ページおきにページを開いて，そのページの一番上にある単語を書き出してみるとつぎのとおりです．

agree	given	rest
army	handback	saleswoman
bathroom	hog	sent
boast	independence	sightseeing
calamity	Joan of Arc	solitude
cheerful	leapt	standard
Colosseum	loss	subjective
content	meaning	tallow
cupboard	moreover	thrash
descendant	nightgown	traitor

IX 偶然を作り出す

donkey	onion	unique
elastic	passionate	voyager
exclaim	plus	whenever
feed	profitable	worthwhile
forehead	reading	

さあ、この44の単語のうち、いくつご存じですか。単語の意味は310ページの付録に書いてあります。もし n 個の単語がおわかりなら、あなたが知っている英語の単語の数は、つぎのようにして計算できます。

$$9500 \times \frac{n}{44}$$

あなたの単語の知識はどのくらいだったでしょうか。

44のうち40近くもわかった方にとっては、この調査はだいぶ誤差がありそうです。それほど単語を知っている方なら、この辞書に書いてない単語もたくさんご存じだと考えられますから、もっと単語の豊富な辞書でやり直してみる必要があります。逆に10ぐらいしかわからなかった方の場合も、単語の知識の推定にかなりの誤差がある可能性があります。運のよしあしで、問題に難易があり、正解の数は問題の難易によって2つや3つはすぐ異なってきますが、正解が10の人にとっては、2つ3つの差は2～3割の誤差になってひびいてくるからです。もう少し単語数の少ない辞書を使って調査したほうがよさそうです。そうすれば、やさしい単語がたくさん選び出されるので、正解の数はもっと増えるでしょう。自分が知っていると予想される単語の数の3～4倍ぐらいの単語が記さいされた辞書を使うのが、もっとも誤差が少なく効果的だろうと思います。

抜取りの数は多いほうがよいにきまっています．抜取りの数が少ないと，運のよしあしによって，かなりかたよった結果が出ることが少なくありません．しかし，抜取りの数が多くなると，運の影響が少なくなって，推定の正確さは良くなってきます．抜取りの数がいくらであると，推定の正確さがどのくらいであるかということは，統計論の重要なテーマの一つです．ここでは，それに触れている余ゆうがないのが残念ですが，おおざっぱにいえば，抜取りの数の平方根に比例して，推定の正確さが良くなると考えてよいのです．すなわち，抜取りの数を4倍にすると，正確さは2倍良くなると考えておいてください．

待ち行列を作ってみよう

いままで，いくつかの乱数を取り扱ってきました．乱数表の数字を1桁の数字とみれば，0～9の10個の数字が同じ確率で現われる乱数，いいかえれば，0～9の離散型一様分布にしたがう乱数とみることができ，また乱数表を，2桁の数字のら列であるとみなせば，0～99の離散型一様分布にしたがう乱数と考えることができました．サイコロをふって出た目を記録すれば，それは，1～6の離散型一様分布にしたがう乱数になるでしょう．乱数表の読取りの桁数をふやし，たとえば，6桁で読んだ 671109 に小数点をつけて 6.71109 というように考えれば，0～10 までの連続型の一様分布に近づけることもできます．しかし，これらはいずれも一様分布の乱数でしかありません．現実の問題としては，一様分布でないものの偶然を作り出して積極的にそれを利用する一つの見本として，待ち行列の問題をご紹介しましょう．

ここに1台の公衆電話があるとします．そこへ電話を使おうとする

IX 偶然を作り出す

人達,つまり客がやってくるのですが,この客の到着のしかたはまったくでたらめであるとします.でたらめといっても,確率的に到着の時刻がでたらめであるということで,毎日,何人がその公衆電話を利用するという利用度は一定であると考えるのです.客のこのような到着のしかたを**ポアソン到着**といっています.比較的短い時間,たとえば1分ごとに,到着した客の数をかぞえると,客が1人も来ない1分間も多く,また,1分の間に客が1人だけ来ることもあり,たまには,1分間に2人の客が到着することもある,というように,到着する客の数がポアソン分布にしたがうからです.ポアソン到着の特徴は,ある客が到着してからつぎの客が到着するまでの時間が指数分布にしたがうことです.ここでは,その時間の平均が4分の場合を考えてみましょう.平均が4分である指数分布は下図のような形をしています.

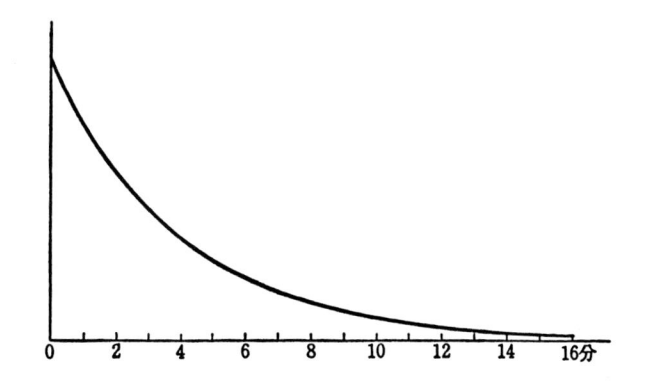

一方,お客さんが電話を使用している時間も,指数分布にしたがい,これまた,平均を4分とします.ですから,1人の客が電話を使用している時間の分布も上の図で表わされます.つまり,長い目でみ

ると，4分に1人の割で客がやってきて，1人当たり平均4分ずつ電話を使用して立ち去るということになります．もし，客が規則正しく4分おきにやってきて，ちょうど4分だけ電話を使って立ち去るなら，誰も待っていない状態からはじめれば，電話はいつも使用されており，しかも，先客の電話が終わるのを待っている客は1人もいないことになり，電話会社にとっても，客にとってもまったく理想的な状態です．しかし，一般には，客の到着の時刻はまったくでたらめですし，通話の時間もでたらめなので，誰も電話を使っていない時間があるかもしれませんし，あるいは，長い行列ができてしまうことがあるかもしれません．そこで，客の到着時刻の間隔も，通話時間も同じ指数分布にしたがうものとして，行列のできぐあいを調べてみようというわけです．

このように，客の到着間隔も，電話を使っている時間も(一般には，これを**サービス時間**と呼んでいます)ともに指数分布にしたがうとしたとき，'ポアソン到着，指数サービスの問題'といい，その中でも，電話が(一般には，これを窓口と呼びます)ただ1つである問題は，待ち行列の問題の中でもっともやさしい問題とみなされています．窓口は，いまの例では公衆電話を考えましたが，駅の出札口でもよいし，商店の売り子でも同じ理くつです．また，工員に貸し出される工具や，工場の工作機械の修理工を窓口と考えれば，客が止まっていて，窓口が動いていきますが，それでも同じ議論がなりたちます．待ち行列の問題では，窓口が2つ以上ある場合や，先客を押しのけて割り込んでくる優先客がいる場合や，客が窓口を選り好みする場合など，現実に起こりうるいろいろな場合を取り扱っています．これらの中では，数式で答を調べようとしてもどうにも手が出ないむずかしい問題

IX 偶然を作り出す

が少なくありません.

そういう問題を解くときには,偶然を積極的に作り出して実験をしてみる,ということがよく行なわれ,それが,こういう問題に対しては,もっとも現実的で有効です.窓口が1つの'ポアソン到着,指数サービス'の問題は,数式を使って解くこともさしてむずかしくはありませんが,ここでは,偶然を利用して実験的に行列の有様を調べてみることにします.

まず,さきほどの平均4分の指数分布を,近似的に,下のような図で代用してみます.全部で87人の客のうち,通話時間が1分の人が20人,2分の人が16人,3分の人が12人,……と考えたのです.87人と

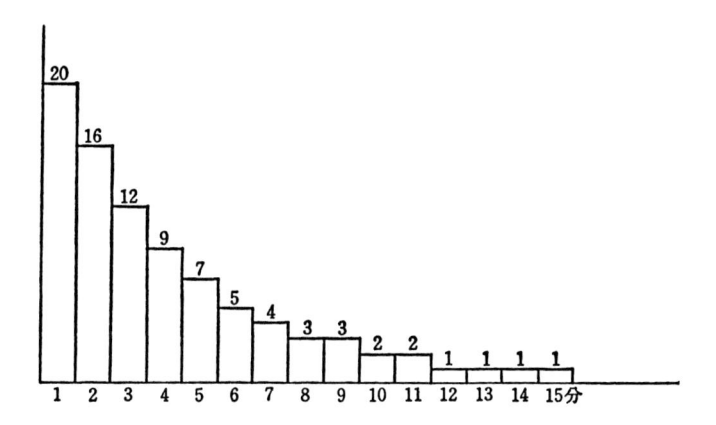

```
20
16
12
 9
 7
 5 4
     3 3
         2 2
             1 1 1 1
1 2 3 4 5 6 7 8 9 10 11 12 13 14 15分
```

いう数字には,別に意味はありません. 20人,16人,12人,9人という人数の比だけに意味があり,指数分布の曲線によく合うように棒グラフを作ったら,そうなってしまっただけのことです.白い碁石を87個持ってきてください.そのうち20個には'1分'と書きます. 他の16個には'2分'と書き,別の12個には'3分'と書き,というよう

にして,'10分'と'11分'はそれぞれ2個ずつ,'12分','13分','14分','15分'はそれぞれ1個ずつ文字を書くと87個の全部に文字が書かれたことになります.この87個の碁石を箱に入れてよくかき混ぜ,その中の1つを取り出して文字を見れば,指数分布にしたがう通話時間を偶然を利用して発生させることができます.1回試みたら,その碁石は箱に戻してから,つぎの1個を取り出さなければいけないことはもちろんです.

この87個の碁石は,客の到着時刻を発生させるためにも,そのまま使うことができます.

このように碁石を使えば,客の到着時刻と通話時間を実験的に発生させることができますが,碁石がよごれてしまうので,もうちょっと別の方法を考えてみます.下の表のように,'1分'に対しては01か

	割り当てる数字	割り当てられた数字の数
1分	01〜20	20
2分	21〜36	16
3分	37〜48	12
4分	49〜57	9
5分	58〜64	7
6分	65〜69	5
7分	70〜73	4
8分	74〜76	3
9分	77〜79	3
10分	80〜81	2
11分	82〜83	2
12分	84	1
13分	85	1
14分	86	1
15分	87	1

ら20まで2桁の20個の数字を割り当てます．'2分'には21から36までの16個の数字を，……'6分'には65から69までの5個の数を，というように，碁石の代わりに，その個数だけの数字を割り当てます．そして，176ページの乱数表を2桁の数字として使うのです．客の到着時刻の発生には，176ページの乱数表を2行めから使ってみましょう．88以上の数字にぶつかったら，それは省略です．乱数は

67,　41,　15,　23,　62,　54,　49,　02,　06,

25,　55,　49,　06,　……

と続きますが，これに対する'分'は

6,　3,　1,　2,　5,　4,　4,　1,　1,　2,　4,

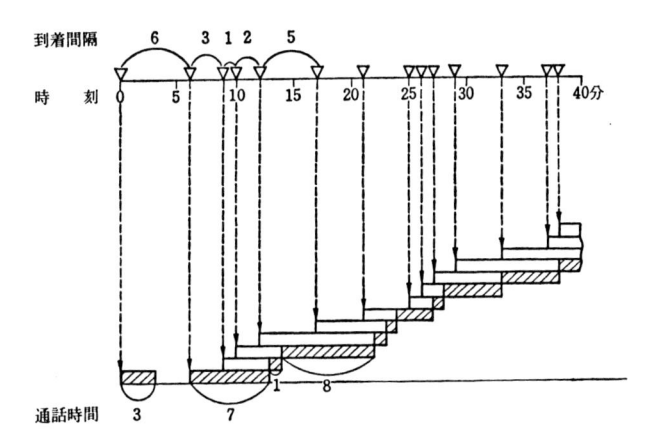

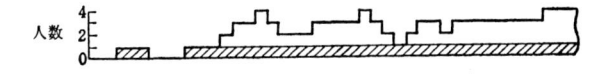

4, 1, ……

となります．これは，客が到着する時間の間隔ですから，0分のときちょうど1人の客が到着していたとして，客の到着時刻は前ページの図の上に三角形で印をつけたようになります．

つぎに，客の通話時間を発生させます．176ページの乱数表の5行めから使ってみましょう．

45, 72, 14, 75, 8, 16, 48, 17, 64, 62, 80, ……

ですから，これを分に直せば

3, 7, 1, 8, 1, 1, 3, 1, 5, 5, 10, ……

です．

そうすると，0分のときにちょうど到着した客は，3分間電話を使って立ち去ります．つぎの客は，6分のときに到着しますから，電話器は3分間だけ誰にも使われずに遊んでいることになります．6分のときに到着した客は，待たずに電話を使うことができて，それから7分間だけおしゃべりをします．この客が電話器を使っている間に，つぎの客と，そのつぎの客と，そのまたつぎの客がやってきて，たちまち3人の行列ができてしまいました．この人がやっと7分間の電話を終わったとき，9分の時刻に到着していた客が4分の待ち時間の後に電話にありつき，1分間だけ電話を使って，つぎの客に電話をゆずります．こういう事情を説明しているのが中央の図です．斜線のない部分が待っている時間を，斜線のある部分は電話を使っている時間を表わしています．

中央の図から，何人が電話のところにいるかを読んで，その人数を

記録すると，下の図になります．このうち，斜線の部分が電話を使用している人数で，はじめのほうに0人のところがちょっとあるだけで，それ以外は，ずっと電話が使われていることがわかります．斜線のない部分は，電話のあくのを待っている行列の人数です．こうしてみると，客の到着の平均間隔が4分で，通話時間の平均もそれと同じく4分である場合でも，数人の行列ができるのがふつうであることがわかりました．

待ち行列の性質

この例では，誰も待たされていない状態，すなわち，待ち行列の長さが0の状態からシミュレーションを開始したのですが，行列はだんだんと長くなる傾向が現われています．到着時間の平均間隔よりも，サービス時間の平均が長ければ，この行列は時間がたつにつれて，ますます長くなっていくでしょう．逆に，到着時間の平均間隔より，サービス時間の平均のほうが短い場合には，行列の長さが0の状態からシミュレーションを始めても，あるいは，数人の行列が並んでいる状態からシミュレーションを開始したとしても，窓口には客をさばいたうえに，さらにいくらかの余裕があるのですから，いずれは行列が0の状態が起こるにちがいありません．シミュレーションを開始するときの行列がどうであろうと，一度，行列の長さが0になれば，あとはまったく条件は同じです．それからあとは，行列は長くなったり短くなったり，ときには行列の長さが0になったりしますが，窓口の混みぐあいとしては，一応，安定した状態とみなすことができます．

こういう安定した状態で，窓口の混みぐあいを表わすには，いくつ

かの方法があります。その一つは、客が待たされる時間の平均値を示すことです。下図は、平均サービス時間と平均到着時間とによって、待ち時間の平均値がどう変わるかを示したものです。たとえば

　平均サービス時間： 4 分

　平均到着時間： 5 分

を例にとってみると、その比は 0.8 ですから

$$\frac{平均待ち時間}{平均サービス時間}=4$$

すなわち、平均サービス時間の 4 倍、つまり16分だけ待たされるのが平均である、ということです。

　図に破線で画いてある曲線は、窓口が 2 つある場合です。窓口が 2 つでも、それぞれに行列があるのではなく、行列は 1 本で、行列の先

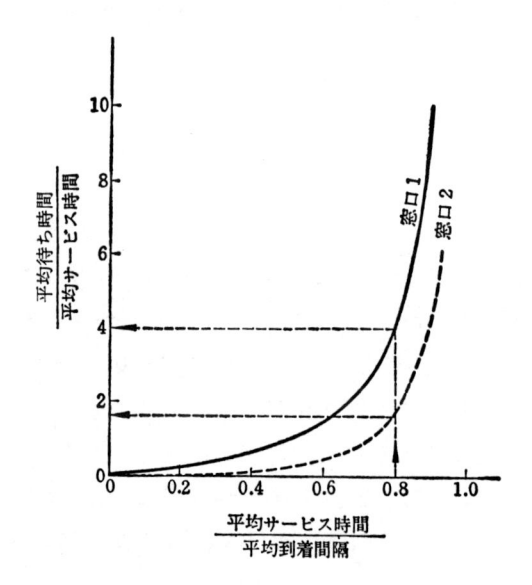

頭の人から順に, あいたほうの窓口へサービスを受けに行く場合です. ただし, 平均到着間隔は, 窓口1つ当たりにしてあります. 前の例と同じに

　　平均サービス時間：　4分

　　平均到着時間：　5分（窓口2つについては 2.5分）

としてみると, 平均待ち時間は平均サービス時間の 1.78 倍, すなわち 7.12 分になっています. 客の数が2倍になっても, 窓口が2つになれば, 客にとっては待ち時間の平均が半分以下になるので, 格段のサービス向上というわけです.

　図の窓口1の曲線をみてください. 横軸の値が 0.8 を越えるあたりから, 平均の待ち時間が急に上昇しています. したがって, 窓口のための費用が非常に高く, 客を待たせることはほとんど損失にならない, という場合でなければ, 平均サービス時間と平均到着時間との比が 0.8 以上になるような計画は, あまり感心できません. その比が 0.8 である場合, 客の数はそのままにして, 窓口を2つにすれば, その比は 0.4 になり, 待ち時間の平均は, 平均サービス時間の 0.67 倍と急に小さくなります. 平均待ち時間が4から 0.67 といっぺんに 1/6 になるのですから, 待たせることの損失を考えにいれると, 窓口を2つにしたほうが全体としてずっと得だということもありうることでしょう.

　なお, 客の到着間隔がでたらめでなく, 一定間隔の場合には, 行列はだいぶ短くなります. 床屋や歯科医などで時間予約制をとっているところもありますが, 客の待ち時間を減らすためには有効な方法です. また, サービス時間のばらつきを減らすことも, 待ち時間短縮に効果があることが知られています.

モンテカルロ・シミュレーション

前の例は，窓口が1つで客の到着がでたらめであり，つまり到着間隔が指数分布にしたがい，サービス時間も指数分布にしたがい，両者の平均値が同じという特別の場合に，行列がどのような状態になるかを実験的に作り出してみたわけです．このように，乱数表やサイコロなどを使って，確率的なことがらを含む社会現象などを，実験的に作り出すことを**モンテカルロ・シミュレーション**といいます．

シミュレーションというのは，まねをすることで，狸ねいりのことも英語ではシミュレーションというのだそうです．少し脱線しますが，飛行機の操縦を練習するために，フライト・シミュレータという装置があります．飛行機の操縦の練習を，少ない費用で安全に室内で行なうための装置です．操縦席とまったく同じに作られた座席に腰かけると，目の前には本ものと同じ計器がずらりと並び，操縦桿も，スイッチやレバーなどもまったく本ものと同じ手ごたえで動かすことができます．スイッチをいれて，エンジン始動の手順をまちがいなく行なえば，エンジンの回転計はぐんぐん上がり，ジェット・エンジンの回るキーンという音も聞こえてきます．ブレーキを離してやれば速度計も上がりはじめます．滑走をはじめた証拠です．適正な速度になったとき操縦桿を静かに引くと離陸です．高度計も上がりはじめました．脚を上げ，フラップを上げ，どんどん上昇を続けます．おや，急にエンジンの音がおかしくなりました．非常を知らせる赤ランプもつきました．エンジン故障です．操縦室の外から，いじの悪い教官がスイッチを操作して，エンジン故障の状態を作り出したのです．機敏に，正

IX 偶然を作り出す

しく,非常事態に対する処置をとらなければなりません.フライト・シミュレータによれば,こうして飛行中のあらゆる操作を,地上の室内で安全に何回でも練習することができます.シミュレーションとは,こういうように,まねをすることです.

物理や化学の分野では,昔から'実験'が盛んに行なわれていますが,最近では複雑な経済問題や社会問題についても,研究室内でいろいろな実験が行なわれるようになってきました.実験のしかたも千

モンテカルロ・シミュレーションは
偶然を使う実験である

差万別で電気的な方法,機械的な方法などいろいろあります.経済問題や社会問題には確率的な事象を含むものが多く,そういう場合の実験のしかたで最も典型的な方法が,モンテカルロ・シミュレーションです.モンテカルロは,ご承知のように公営のカジノがあるモナコの都市の名前なので,そのほうからの連想で,偶然を作り出すシミュレーションのやり方をモンテカルロ・シミュレーションというのでしょう.

モンテカルロ・シミュレーションは,確率的な事象を何回も繰り返して作り出し,その起りぐあいから結論をひき出そうというのですから,確からしい結論を得るためには,一般に,非常に多くの試行回数が必要になります.サイコロをふったとき,⊡が出る確率は1/6だということを実証するためにでさえ,100回や200回程度の試行が必要だと考えられます.さきほど,窓口が1つでポアソン到着,指数サービスの待ち行列を,乱数表の使い方をちょっとくふうしてモンテカルロ・シミュレーションで解いてみました.しかし,ほんとうは,あのような少しの実験で結論を出すのは,少しせっかちすぎるのです.もっとたくさんの実験を繰り返さないと,確からしい結論は期待できません.このような実験を手作業で十分にたくさん繰り返すのはなかなかめんどうです.そこでふつうは,モンテカルロ・シミュレーションはコンピュータに手伝ってもらって行ないます.

そのためには,コンピュータに乱数を覚えさせておかなければなりません.しかし,コンピュータの記憶力には限度がありますので,コンピュータにみずから乱数を作り出させる方法があれば,もっと便利です.ところが,コンピュータは本来,与えられた一定のプログラムにしたがってしか行動できないものなのです.ですから,厳密にいえ

ば，コンピュータにでたらめな数字を作り出させることはできないのですが，実用上さしつかえない程度のでたらめさでなら，乱数を作り出させることができます．もっともよく知られている方法は2乗採中法です．まず，176ページの乱数表の最初の4字を借用してみます．その数字6711を2乗します．

$$6711 \times 6711 = 45037521$$

この答の中央の4字0375をいただきます．それをまた2乗して

$$0375 \times 0375 = 00140625$$

を作り，中央の4字1406をいただきます．こうして，つぎつぎに計算機に計算をさせれば

037514069768……

という乱数を作り出すことができます．

　こうすれば，コンピュータは，みずから乱数を作り出しながら，与えられたプログラムにしたがって，モンテカルロ・シミュレーションをやってくれます．

　そうはいうものの，私達のすべてがコンピュータを自由に使いこなせるというわけではありません．それでも，モンテカルロ・シミュレーションをやってみたいと思うときがあります．そのようなとき，ちょっと頭を働かすだけでずいぶん手数を節約できることがあります．II章で，500回ずつ2回，つまり1000回も硬貨を投げて，裏の出た回数を記録した例をお目にかけました．ずいぶんひまだなあ，と思われた方があるかもしれません．どうでもいいことですが，おおざっぱにいうと，私達の賃金は，1分あたり，月給10万の人で10円，月給30万の人なら30円，50万の人なら50円についています．東京から静岡まで，新幹線の‘こだま’を利用するのと普通列車を使うのとでは，約

100分の差があって，特急料が2920円違いますので，1分あたり約30円に様当します．私達の時間は1分あたり20〜50円ぐらいが相場であるようです．そうすると，硬貨を1000回もふっていちいち記録をしていたのでは，この実験だけでも，けっこう高いものについてしまいます．そこで，1円，5円，10円，50円，100円の硬貨を1つずつ用意をし，いっしょにカップに入れてがちゃがちゃとふり，一ぺんにふり出して，5つのデータを同時に記録してしまいました．小学生の娘がおもしろがって手伝ってくれましたので，1000個のデータを記録するのに30分もかかりませんでした．

X. ぺてんにかかりそうな確率

見えない区切りのいたずら

 次ページの図のように,ちょうど手がはいるくらいの孔が2つあいている箱があったとします.この箱の中には20個のボールがはいっています.ボールは,10個は白く,残りの10個は黒く塗ってあります.孔から手を入れてボールを1つ取り出したとき,それが白いボールである確率は誰が考えても1/2です.ボールをつかんだら,孔から手が抜けない,などとちゃかさないで,まじめに考えてください.

 つぎに,下の図のように,箱の外からはわからないように,2つの孔の間を板で区切りました.偶然に,右には8個の白球と4個の黒球が,左には,2個の白球と6個の黒球がはいってしまいました.さて,孔から手を入れて1つのボールを取り出したとき,それが白球である確率はいくらでしょうか.ただし,どちらの孔に手を入れるかは,まったく気の向きしだいで,五分五分ということにします.

白い球が出る確率は $\frac{1}{2}$

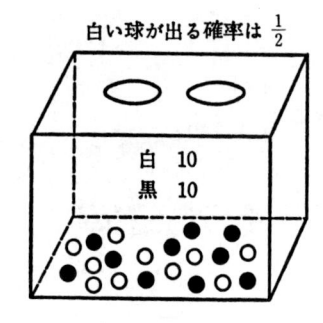

白 10
黒 10

板で区切ると

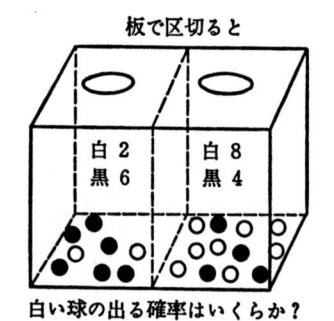

白 2　　白 8
黒 6　　黒 4

白い球の出る確率はいくらか？

「板で区切ろうと区切るまいと，箱の中のボールは白と黒とが半分ずつ，少しも客観的情勢は変化していない．したがって，白球を取り出す確率は1/2」とお考えの方も少なくないでしょうし，また，「わざわざこんな問題を出すぐらいだから，1/2 ではないだろう」とおっしゃる方も多いと思います．それでは計算をしてみましょう．条件付き確率の応用問題です．

右の孔へ手を入れる確率を $P(右)$，右の孔へ手を入れたとき白球を取り出す条件付き確率を $P(白｜右)$ というように書くと，白球を取り出す確率 P は，64ページを参照して

$$P = P(右) \cdot P(白｜右) + P(左) \cdot P(白｜左)$$

少し，くだいて書くと

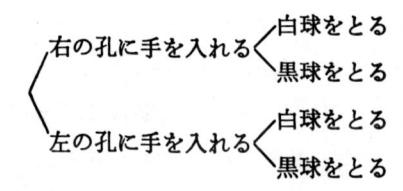

　　　　　　　　　　　　白球をとる
　　　右の孔に手を入れる〈
　　　　　　　　　　　　黒球をとる
　　　　　　　　　　　　白球をとる
　　　左の孔に手を入れる〈
　　　　　　　　　　　　黒球をとる

という4つのケースのうち，白球をとる2つのケースの確率をたし算していることになります．

X べてんにかかりそうな確率

$P(右) = P(左) = \dfrac{1}{2}$

$P(白 \mid 右) = \dfrac{8}{12} = \dfrac{2}{3}$

$P(白 \mid 左) = \dfrac{2}{8} = \dfrac{1}{4}$

ですから

$P = \dfrac{1}{2} \cdot \dfrac{2}{3} + \dfrac{1}{2} \cdot \dfrac{1}{4} = \dfrac{11}{24}$

となり,白球を取り出す確率は 1/2 より少しだけ小さいことがわかりました.

箱の中には,ちゃんと10個の白球と10個の黒球があるのに,何で,こんな妙な結果になったのでしょうか.前の図を見ながら考えてみることにします.右の孔も左の孔も手を入れられる確率は 1/2 で同じですから,結果に対する孔そのものの影響力は右も左も同じです.問題はその中身にあります.確率に影響するのは,白が何個,黒が何個という数ではなくて,白と黒との比です.比に注目してみると

　左側　1:3 で白が劣勢(黒が優勢)

　右側　2:1 で白が優勢

ということになっています.結果に対する左側と右側の効きめは同じなのですから,左側の黒優勢のほうが,右側の白優勢より,結果に効いてくるであろうことがわかります.したがって,白が取り出される確率は 1/2 より小さい結果が出るわけです.

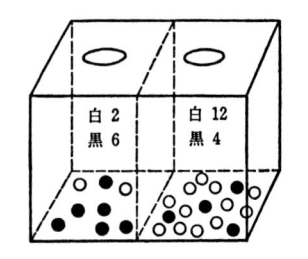

こう考えていくと，前ページの図のようにボールがはいっていると，総計では，白球が14個，黒球が10個と，4個も差があるのに，白球が取り出される確率がちょうど1/2であることが理解できます．

3人のジャンケン

A君，B君，C嬢の3人でジャンケンをするとします．3人ともとくにカンが良いということもないので，勝負はまったく運で決まるものと考えます．3人で同時にジャンケンをしたら誰が優勝するでしょうか．もちろん，優勝の確率は1/3ずつで，何のへんてつもありません．それでは，ちょっと趣向を変えて，勝抜き戦としましょう．まず，AとBとがジャンケンをすることにし，遠慮深いC嬢は観戦をします．つぎに，AB戦の勝者とCがジャンケンをします．こうして2人に連続して勝った人が優勝することにします．つまり，3人の2人抜き戦です．このときも，3人の優勝の確率は，やはり1/3ずつでしょうか．いくら，「ぺてんにかかりそうな確率」の章だからといっても，これは1/3ずつだ，とお思いでしょうが，そこがしろうとのあさ……，いや失礼，実は1/3ずつではないのです．確率計算の考え方は，やや哲学的です．

確率計算には A, B の2人がまず最初にジャンケンをして，Cは自分の番を待っている，という条件を入れなければなりません．それで，AとBとがジャンケンを終わった，という時刻でものを考えることにします．AとBとは，どちらが勝っていてもよいのですが，とりあえずAが勝ったものとしましょう．この時点で

  Aが優勝する確率$=p$

Bが優勝する確率＝q

Cが優勝する確率＝r

とします．すなわち

p は，いまの勝負に勝った人の優勝の確率

q は，いまの勝負に負けた人の優勝の確率

r は，いまの勝負に参加しなかった人の優勝の確率

を表わしていることになります．

　つぎは，AとCとがジャンケンをする番です．そこでAが勝ってしまえば，Aの優勝で勝負は終りです．そして，その確率は1/2あります．

　しかし，AがCに負ける確率も1/2あって，AがCに負けてしまうと，今度は

Aが優勝する確率が q に

Bが優勝する確率が r に

Cが優勝する確率が p に

なってしまいます．ということは，AがBとの1回戦に勝ったとき持っていた優勝の確率 p は，つぎにCを負かして優勝する確率1/2と，Cには負けてもまだチャンスがめぐってきて優勝する確率 $q/2$ との和であったわけです．すなわち

$$p=\frac{1}{2}+\frac{1}{2}q$$

です．また，Bが1回戦でAに負けたとき持っていた優勝の確率 q は，1/2のチャンスで r という確率になるということでした．すなわち

$$q=\frac{1}{2}r$$

です．さらに，AB戦を観戦していたCは優勝の確率を r だけ持っていましたが，これは，自らが出場する2回戦で，1/2 のチャンスで p の確率をかく得できるという意味でした．すなわち

$$r = \frac{1}{2} p$$

です．この3つの式を連立させて解くと

$$p = \frac{4}{7}$$

$$q = \frac{1}{7}$$

$$r = \frac{2}{7}$$

になります．復習すると，AとBとが1回戦を行なって，Aが勝ったという状態においては，Aが優勝する確率が 4/7，Bのそれは 1/7，Cのそれは 2/7 になっている，ということです．

ここで，一番はじめにもどります．これから，3人でジャンケンの勝抜き戦を行なうことになり，まず，AとBとが1回戦を行なうと決めた時刻の状態です．1回戦ではAが勝つ確率が 1/2，Bが勝つ確率が 1/2 です．Aが勝てば 4/7 の優勝の確率をかく得し，負ければ 1/7 の確率しかかく得できません．ですから，Aが優勝する確率 $P(A)$ は

$$P(A) = \frac{1}{2} \cdot \frac{4}{7} + \frac{1}{2} \cdot \frac{1}{7} = \frac{5}{14}$$

Bにとっても，1/2 のチャンスで 1/7 の確率と，残りの 1/2 のチャンスで 4/7 の確率とをかく得できるのですから

$$P(B) = \frac{1}{2} \cdot \frac{1}{7} + \frac{1}{2} \cdot \frac{4}{7} = \frac{5}{14}$$

Cにとっては、1回戦でAが勝とうがBが勝とうが、それには関係なく 2/7 の確率で優勝できるのですから

$$P(C) = \frac{2}{7} = \frac{4}{14}$$

となりました．

3人の勝抜き戦では，腕が同じなら，先に出場したほうが，遠慮をしているより 5：4 の割でとくです．ひっ込み思案は損をします．ずいぶん変な結論のようですが，よく考えてみると当然です．なぜなら，はじめに出場したA と Bとは，たとえ 1/2 の確率で負けてしまっても，まだ他力本願ながら，Cが勝ってくれさえすれば，自分にも優勝

ひっこみ思案は
損をする

のチャンスが残されています.しかし,Cにとっては,1/2 の確率で負けてしまえば,それで試合終了です.Cの負けは,その相手の連勝を意味するのですから.

別の見方をすると,つぎのように考えることもできます.ジャンケンはどうせ運で勝負が決まるのですから,何べんも勝負を試みたほうが連勝のチャンスも多く,そのためには,少しでも早く勝負に参加したほうが得なのです.2人抜きのように,比較的簡単に優勝者が決まってしまう場合には,それまでに行なわれる勝負の回数も少ないので,1回おくれて勝負に出場したというマイナスが意外に大きく響いて,5:4というような結果になりました.もし,2人の相手を交互に負かして5連勝したとき優勝とする,というようにすると,優勝者が決まるまでに,かなり手間がかかり勝負の回数も多くなるのがふつうですから,1回おくれて勝負に参加したことは結果にあまり影響しなくなり,CもAやBとほぼ同じ確率で優勝の可能性を持ちます.

マーチンゲールの謎

昔から,不老不死の薬は人間の渇望の的であったようで,不老不死の薬を見つけるために,巨額の富を浪費してしまった皇帝の話などが残されています.それほどではないにしても,「かけに必ず勝つ方法」も私達にとっては,とびつきたいような嬉しい話です.昔から言いつたえられている「かけに必ず勝つ方法」の一つに,「かけ金倍増の方法」があります.これは,かけに負ければかけ金は取られてしまうが,かけに勝てばかけ金が2倍になって戻ってくる,という約束でなら,どんなかけにでも使える方法だといわれています.

X べてんにかかりそうな確率

まず最初は，1 だけかけます．1 というのは，10 円玉 1 つと思っていただいても，50 円玉 1 つでも，100 円玉でも，あるいは景気よく 1 万円札を 1 枚としてもかまいません．かけに勝てば 2 だけ収穫がありますから，1 のもうけです．つぎには，また 1 だけかけて勝負を続けます．勝ってばかりいる間はこれでよいのですが，負けたときには少しやり方を変えなければなりません．1 をかけて負けたときは，その 1 は取られてしまいます．そのときは，つぎにはその 2 倍の 2 をかけるのです．それも負けてしまったら，つぎにはその 2 倍の 4 をかけます．それもまた負けてしまったら，かけ金は 8 にふやします．勝つまで，かけ金は 2 倍にふやしていくのです．いくら運が悪くても，そうやってねばっているうちに，きっとつきが回ってきて勝つときがあるでしょう．そうすれば，必ず 1 だけもうかるかんじょうです．

回数	かけ金	その回までのかけ金の合計
1	1	1
2	2	3
3	4	7
4	8	15
5	16	31
6	32	63
7	64	127
8	128	255
......	......	......
n	2^{n-1}	$2^n - 1$

たとえば，7 回まで連続して負けて，8 回めにやっと勝てた場合，7 回までにすってしまったかけ金の総計は 127 ですが，8 回めに勝ったために 128 だけもうかりますから，差引き 1 のもうけです．

応用編

　この方法は欧米ではマーチンゲールと呼ばれて，人気のあるかけのやり方なのだそうです．この方法は，なるほどうまくいきそうです．たとえ，1回ごとの勝負で勝つ確率が五分五分より少なくても，根気よくねばってさえいれば，いつかはきっと勝つときがあるでしょうから，そのたびに，それまでにすったかけ金を全部取り返したうえに1のもうけ．だいぶ資本金を準備しなければならないし，資本の割にもうけは細かそうですが，それでも確実にもうかるなら，悪い話じゃありません．それでは，さっそく気の良い男だけど多少そそっかしいところのある友人を誘って，かけを挑んでみるとしましょうか．

　「サイコロを投げて・が出たら私の勝ち，それ以外の目は全部友人の勝ち．その代わり，かけ金の金額は私が決める」と言えば，あいつはそそっかしいから，必ずかけに応じてくるに違いありません．かけ金は10円からはじめるとして，資本は10万円も用意しておけば，絶対に大丈夫です．

　念には念を入れて，そそっかしいあいつから持ち金をすっかり巻き上げる前に，一度，トレーニングをしておきましょう．適当なスパーリング・パートナーがいないので，サイコロ1つを相手に紙上でトレーニングです．サイコロをふって・が出たら勝ち，それ以外の目なら負け．負けている間は，かけ金を2倍，2倍とふやしていきます．そして，収支を計算して手もとにある金額を記録します．

　さて，実際にやってみて，これはびっくり驚いた．数分もしないうちに，10万円の資本金を見ごとに取られて，破産してしまったのです．しかも最終回のかけは，倍額のかけ金に足りなくて，やけくそで残金全部をかけ，それも取られて丸裸になるというしゅう態をさらしてしまいました．その経過はつぎの表のとおりです．

X べてんにかかりそうな確率

かけ金	勝敗	手持ちの残金	
10	×	99,990	
20	○	100,010	
10	×	100,000	
20	×	99,980	
40	×	99,940	
80	×	99,860	
160	×	99,700	
320	×	99,380	
640	×	98,740	
1,280	○	100,020	
10	○	100,030	
10	×	100,020	
20	×	100,000	
40	×	99,960	
80	○	100,040	ここでやめれば40円のもうけ
10	×	100,030	
20	×	100,010	
40	×	99,970	
80	×	99,890	
160	×	99,730	
320	×	99,410	
640	×	98,770	
1,280	×	97,490	
2,560	×	94,930	雲ゆきが怪しいぞ
5,120	×	89,810	
10,240	×	79,570	あら，あら
20,480	×	59,090	
40,960	×	18,130	あっというまに
18,130	×	0	破産

1回の勝ちで，ささやかに10円ずつを稼ぐために，10万円という大金を準備して勝負にのぞんだのに，これはまた，どうしたことでしょ

う．実は，資本金が100万円でも，1,000万円でも，事情はあまり変わらないのです．もちろん，資本金が多いほど，多分，長つづきはするでしょうが，よっぽどよいタイミングで勝負に見切りをつけて，数十円ぐらいのかせぎで満足しておかないかぎり，いずれは，すってんてんにすってしまうはめになるでしょう．そのくらいなら，資本金は小さいほうが安全ですが，資本金が小さければ，たちまち破産をしてしまう．どっちにころんでも，困ったことです．それでは，古今東西を通じてよく知られたマーチンゲールは，まちがっているのでしょうか．もう少し論理的に究明してみることにします．

一般的な書き方をする前に実例でいきましょう．1回ごとの勝率が1/6で，資本金は，8回まで負け続けても持ちこたえられるように255だけ準備をしたものとします．8回とも続けて負けて破産してしまう確率は

$$\left(1-\frac{1}{6}\right)^8 \fallingdotseq 0.232$$

だけあります．したがって，破産をすることによる損害の期待値は

$$0.232 \times 255 \fallingdotseq 59.1$$

となります．一方，破産をする前に勝ちに恵まれる確率は

$$1-0.232=0.768$$

だけあり，勝てば1だけもうかって，あとはふり出しへ戻るのですから，もうけの期待値は

$$0.768 \times 1 \fallingdotseq 0.8$$

です．損害の期待値が59.1で，もうけの期待値が0.8ですから，まるで問題にもならないぐらい損害が大きいことがわかりました．これでは，まるっきり，ぱーです．

それでは，1回ごとの勝率が50%のときはどうなるでしょうか．資本金はやはり8回のかけを持ちこたえられるように255とします．破産することによる損害の期待値は

$$\left(\frac{1}{2}\right)^8 \times 255 = \frac{255}{256}$$

一方，勝ちに恵まれたときのもうけの期待値は

$$\left\{1-\left(\frac{1}{2}\right)^8\right\} \times 1 = \frac{255}{256}$$

ごらんのとおり，勝率50%ならば，損害ともうけの期待値はまったくぴったりと一致します．つまり，平均すれば損も得もないということです．こんなことなら，マーチンゲールによらないで，でたらめにかけてやっても期待値としては同じことです．

一般的に書くと，つぎのようになります．n 回までのかけに続けて負けても持ちこたえられる資本金

$$2^n - 1$$

を準備して，マーチンゲール方式でかけにのぞんだとします．1回ごとの勝率を p とすると，n 回まで負け続ける確率は

$$(1-p)^n$$

ですから，破産をすることによる損害の期待値は

$$(1-p)^n (2^n - 1)$$

となります．一方，破産をする以前に勝てる確率は

$$1-(1-p)^n$$

ですから，破産以前に勝ちに恵まれて得る利益の期待値は，これに 1 をかけて

$$1-(1-p)^n$$

で表わされています．したがって，マーチンゲール方式によって，勝ちに恵まれてふり出しへ戻るか，あるいは破産するかするまでの総合したもうけの期待値は

$$1-(1-p)^n-(1-p)^n(2^n-1)$$
$$=1-2^n(1-p)^n$$

となります．この期待値を観察してみると，つぎのことがわかります．

p が 0.5 なら期待値はゼロ．つまり，損も得もありません．p が 0.5 より小さいと期待値はマイナスになり，p が小さければ小さいほど，n が大きければ大きいほど，そのマイナスは大きくなります．教訓としては，p が 0.5 より小さいかけには，マーチンゲール方式で手を出すのは禁もつ，競馬や競輪にマーチンゲールの手を出すなどはもってのほか，もしどうしてもやってみるなら，資本金をなるべく少なくして，早いところ破産してしまうのが，被害を小さくとどめるための上策，ということができます．p が 0.5 より大きければ，大いに強気になってください．p は大きければ大きいほど有利なことはもちろんですが，資本金も大きければ大きいほど勝利を不動のものにいたします．

p が 0.5 ぐらいなら，ちょっと考えると，マーチンゲールはなかなか気のきいたやり方のように思えますし，事実，試してみると資本金さえ十分にあれば結構うまくいくのがふつうです．しかし確率論は，マーチンゲールがほかの方法に比べて，けっしてとくにすぐれた方法とは言えないことを教えてくれます．結構うまくいくのがふつうだということは，ひょっとすると取返しのつかない大きな災難がふりかかるかもしれないという危険の代償として，ふつうは，なにがしかのささやかな稼ぎが許されている，ということにすぎません．多くの人達がマーチンゲールをはじめれば，それは，ごく一部の人の非常に大き

なぎせいにおいて，多くの人達が少しずつのわけ前にありついているということになるでしょう．多くの人達の少しずつの損失を踏み台にして，一部の人ががっぽりと頂だいする宝くじの，うら返しの姿ということができます．

あてにならない直感

　読者の皆さんに，かけを挑戦することにします． 176ページに乱数表が載せてありました．まだ， 176ページを開かないでください．乱数表には，00から99まで100種の2桁の数字がでたらめに並んでいました．1行には，2桁の数字が20ずつ並んでいます．1行の中に，同じ数字が2回以上現われるか，それとも同じ数字がないか，についてかけをしたいと思います．かけ金は，1行ごとに100円としましょう．皆さんは，どちらにかけますか．標題にあてにならない直感と書いてなければ，たいていの人は，「1行の中には同じ数字がない」ほうにかけます．100種の数字の中からでたらめに20回だけ指名するのですから，同じ数字を重複して指名する確率は，あまり多くないと判断するのが常識です．それでも，標題が標題なので，皆さんは，どちらにかけようかと首をひねっておられるかもしれません．それでは，私が重複するほうに思いきって200円かけましょう．皆さんは重複しないほうに100円だけかけてくだされば結構です．

　さて， 176ページの乱数表を見てみます．1行めには重複した数字がありません．私は，200円とられてしまいました．2行めには，49が2回出てきました．おまけに 06 まで2回現われています．私は，100円を取り返しましたが，まだ100円の損です．3行めには，残念な

がら重複した数字がありません. また, 私の負けです. 300円の赤字. どうも雲行きが怪しいようです. しかし, この後は私ががぜん盛り返します. 左の表を見てください. 4行め以降, 10行めまで, すべての行に数字が重複して現われています.

行	2回以上現われた数字
1行め	なし
2行め	49　06
3行め	なし
4行め	77
5行め	72　16　62
6行め	17　38　78
7行め	82
8行め	18　29
9行め	04　70
10行め	38　83　58

6行めなどは, 38と78が2回ずつ現われているほかに, 17が3回も現われています. まったくにぎやかなもんです. 10行めまで, しめて, 8回勝って800円の収入, 2回負けて400円の支出ですから, 差引き400円だけ私がもうけさせていただいたかんじょうになります. どうもありがとうございました.

実は, かけ金の比率をもっと私が不利になるようにしても, 私のほうになお勝算があるのです. ずいぶん, 意外かもしれませんが, 1行の中で数字が重複しない確率は, 何と13％しかないのです. 重複しない確率は, つぎのようにして計算できます. 最初の数字は何であってもかまいません. つぎの数字が最初の数字と重複しない確率は99/100です. そのつぎの数字がはじめの2つの数字と重複しない確率は98/100です. このように, 20個の数字の分だけかけ合わせてやると

$$\underbrace{\frac{100}{100} \cdot \frac{99}{100} \cdot \frac{98}{100} \cdot \cdots\cdots \cdot \frac{82}{100} \cdot \frac{81}{100}}_{20項} \fallingdotseq 0.13$$

となり, これが20の数字が重複しない確率となります. こうして計算すると, 同じ行の中で数字が重複しない確率は

1行の数字が5個なら	約90%
1行の数字が10個なら	64%
1行の数字が12個なら	51%
1行の数字が15個なら	34%
1行の数字が20個なら	13%
1行の数字が25個なら	4%

となります.

　ある人の計算によると，24人のグループの中に，誕生日が同じである人が誰もいない確率は46%であり，27人のグループになると37%になってしまうそうです．これも，上の例とまったく同じ考えで計算できますが，この計算を続けていくと，30人では，誕生日が重複しない確率は30%を割ってしまい，34人で約20%，41人で約10%になってしまいます．40〜50人ぐらいの同級生なら，誕生日の同じ人がいないほうが不思議なくらいです．

　確率も，ちょっと複雑な場合になると，直感や常識はあまり役にたたないようです．

サービス券のからくり

　子供向けのキャラメルなどの箱には，サービス券がはいっています．この券なん枚でキャラメル1箱を差し上げます，というやつです．最近のは，サービス券の集め方にいろいろと趣向をこらしたのが多くなりましたが，よく見るのは，つぎのようなタイプです．1箱の中には，♠♡◇♣のどれかの券が1枚はいっています．4種類を全部そろえてご持参くださればキャラメル1箱を差し上げます，というタイプ

です.こういうとき,いったい,何箱のキャラメルを買ったら4種の サービス券が全部そろうでしょうか.もちろん,もっとも運がいい場 合には,4箱のキャラメルを買っただけで4種の券がそろうこともあ りますが,ふつうは,そんなにうまくはいきません.同じ種類の券が 重複してしまって,4種類が全部そろうというわけにはいかないから です.4種類の券をそろえるためには,6,7箱ぐらいは覚悟しない といけないように思われます.確かにそのとおりです.7箱買ったと き,4種の券が全部そろう確率が約50%になります.ただし,4種の 券が全部同じ割合ではいっている場合には,というただし書きつきで す.割合が種類によって異なると,全部の種類がそろう確率は,確実 に悪くなります.ここが業者のつけ目です.

券の種類が4つもあると,確率の計算はかなりめんどうです.そこ で,もっとも簡単な2種類の場合で考えてみることにします.2種の 券をそれぞれA券,B券と名づけましょう.A券は p の確率で,B券 は $1-p$ の確率で入手できるものとします. n 枚の券を集めたのに, n 枚とも全部A券であったために,2種の券がそろわない確率は

$$p^n$$

です.また,全部がB券である確率は

$$(1-p)^n$$

となります.したがって, n 枚の券の中に,A券とB券が少なくとも 1枚以上ある確率,すなわち,2種の券がそろう確率は

$$1-p^n-(1-p)^n$$

で表わされます.

p を,0.5,0.7,0.8,0.9 と変えて,券の枚数 n と,2種の券がそ ろう確率との関係を計算してみると,図のようになります. p が 0.5,

X べてんにかかりそうな確率

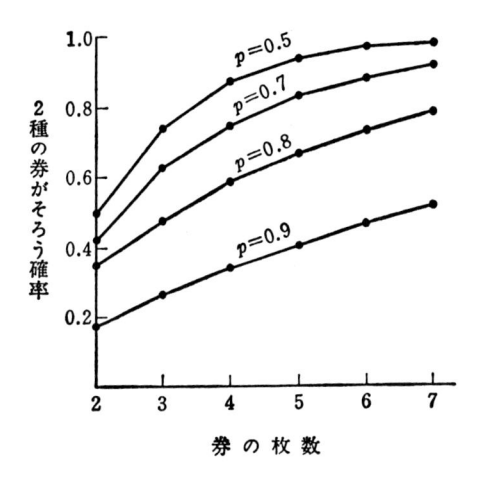

つまり，A券とB券とが同じ割合で市場に出まわっているときと比べて，A券の割合が多くなるにつれて，2種の券がそろう確率は減ってきます．この傾向は p が1に近づくにつれて急に著しくなります．A券とB券の割合が 9:1 になっていれば，6〜7枚の券を集めても，2種類の券の1組は，そろうか，そろわないか五分五分だということです．

券の種類が多くなると，確率の計算はかなりめんどうです．いちいち計算するより，モンテカルロ・シミュレーションで答を見つけるほうが容易なぐらいです．4種類の券が同じ確率で売り出されているとして，手元に7枚の券が集まったとき，その中に4種の券がそれぞれ少なくとも1枚以上含まれている確率はつぎのようになります．7枚の券が4種のグループに分かれる分かれ方はつぎのとおりです．

```
4 1 1 1
3 2 1 1
```

$\overset{2\ 2\ 2\ 1}{4,\ 1,\ 1,\ 1}$ という分かれ方で4種のカードを含む確率は

$$\frac{1}{4^7} \cdot \frac{7!}{4!} \cdot {}_4C_1$$

で表わされます。4^7 は、7枚のカードの順序まで考え、4種のカードのうちの何種かが欠ける場合も含めて、起こりうるケースの総数です。$7!/4!$ は、♠が4枚で♡♢♣がそれぞれ1枚ずつという7枚のカードの並べ方の総数です。${}_4C_1$ は、4枚のカードは♠ばかりでなく、♡♢♣にも起こりうることなので、その組合せ数をかけたのです。同様に、3, 2, 1, 1 という分かれ方で4種のカードを含む確率は

$$\frac{1}{4^7} \cdot \frac{7!}{3! \cdot 2!} \cdot {}_4C_1 \cdot {}_3C_1$$

となりますし、2, 2, 2, 1 という分かれ方になる確率は

$$\frac{1}{4^7} \cdot \frac{7!}{2! \cdot 2! \cdot 2!} \cdot {}_4C_3$$

となります。この3つの場合の確率をそれぞれ計算して、加え合わせると、ほぼ

$$0.051 + 0.308 + 0.154 = 0.513$$

となります。

手元に集まった券の枚数が、4, 5, ……, 12枚の場合について、4種の券を全部含む確率を計算してみると、図のようになります。10枚の券を集めても、まだ2割以上の人は、どの種類かの券が欠けていて、景品にはありつけないようです。

X べてんにかかりそうな確率

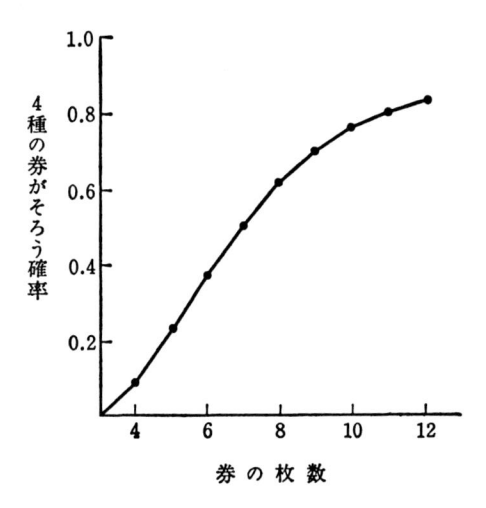

XI. 確率の大学院

移り変りの確率

　資本金の異なる2人が、勝率5割のかけを続けて、相手の持ち金を全部まき上げてしまう確率は、資本金の比に比例するということをⅦ章でお話ししました。そのときには、それを証明するのに、○と●とをたくさん書いて、実証してみたのですが、この章では、もう少しスマートな考え方をご紹介します。

　まず、Aが2個の10円玉を、Bは1個の10円玉を持って、1回の勝負に10円ずつかけながら、どちらかが破産するまで勝負を続ける場合を考えてみます。AかBかが3個の10円玉を握ったときに、その人の勝ちになるのですから、3個持っているとき優勝する確率は1です。手元に2個あるときには、そのつぎに勝つ確率が1/2あり、勝てば優勝、負ければ、手元に1個だけ残ります。こういう状態を数式にのせるために

XI 確率の大学院

3個持っている人が優勝する確率は 1

2個持っている人が優勝する確率は x

1個持っている人が優勝する確率は y

0個持っている人が優勝する確率は 0

と書いてみましょう．2個持っている人，すなわち優勝の確率を x だけ持っている人は，つぎの勝負で，1/2 は優勝の確率 1 に，残りの 1/2 は y の状態になります．これを

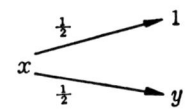

$$x \begin{array}{c} \xrightarrow{\frac{1}{2}} 1 \\ \xrightarrow{\frac{1}{2}} y \end{array}$$

と書きます．同様に

$$y \begin{array}{c} \xrightarrow{\frac{1}{2}} x \\ \xrightarrow{\frac{1}{2}} 0 \end{array}$$

と書くことができます．したがって，x は 1 の半分と，y の半分とで構成されているはずです．数式で書けば

$$\begin{cases} x = \frac{1}{2} \cdot 1 + \frac{1}{2} y = \frac{1}{2} + \frac{1}{2} y \\ y = \frac{1}{2} x + \frac{1}{2} \cdot 0 = \frac{1}{2} x \end{cases}$$

となります．これを連立させて解けば，いとも簡単に

$$x = \frac{2}{3}$$

$$y = \frac{1}{3}$$

が求まります．Aは10円玉を2枚持って，1枚しか持っていないBを

相手に勝負を始めるのですから，A が優勝する確率は x で，それは 2/3 であり，B が優勝する確率のちょうど2倍になっていることがわかりました．

つぎに，AとBとの持ち金の総計が4である場合について調べてみます．

　　4個持っている人が優勝する確率は 1
　　3個持っている人が優勝する確率は x
　　2個持っている人が優勝する確率は y
　　1個持っている人が優勝する確率は z
　　0個持っている人が優勝する確率は 0

とすると

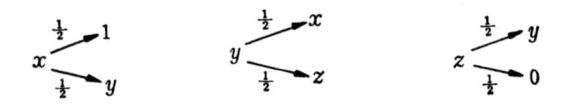

の関係が成立し，数式で書くと

$$\begin{cases} x = \dfrac{1}{2} + \dfrac{1}{2}y \\ y = \dfrac{1}{2}x + \dfrac{1}{2}z \\ z = \dfrac{1}{2}y \end{cases}$$

となります．これを解くと

$$x = \frac{3}{4}$$

$$y = \frac{2}{4} = \frac{1}{2}$$

$$z = \frac{1}{4}$$

という答が簡単に求まります．つまり，Aが3個，Bが1個の状態で勝負を始めれば，Aが優勝する確率が 3/4，Bが優勝する確率が 1/4 であるということです．

ついでに，もう一つやってみます．今度は，AとBの資本の合計が5個の場合です．

　　5個持っている人が優勝する確率は 1
　　4個持っている人が優勝する確率は x
　　3個持っている人が優勝する確率は y
　　2個持っている人が優勝する確率は z
　　1個持っている人が優勝する確率は w
　　0個持っている人が優勝する確率は 0

とすると

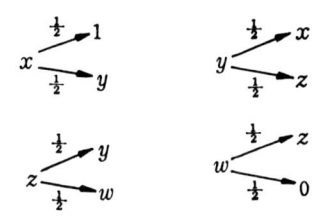

$$x \begin{array}{c} \xrightarrow{\frac{1}{2}} 1 \\ \xrightarrow{\frac{1}{2}} y \end{array} \qquad y \begin{array}{c} \xrightarrow{\frac{1}{2}} x \\ \xrightarrow{\frac{1}{2}} z \end{array}$$

$$z \begin{array}{c} \xrightarrow{\frac{1}{2}} y \\ \xrightarrow{\frac{1}{2}} w \end{array} \qquad w \begin{array}{c} \xrightarrow{\frac{1}{2}} z \\ \xrightarrow{\frac{1}{2}} 0 \end{array}$$

となりますから

$$(*) \begin{cases} x = \frac{1}{2} + \frac{1}{2} y \\ y = \frac{1}{2} x + \frac{1}{2} z \\ z = \frac{1}{2} y + \frac{1}{2} w \end{cases}$$

$$\left| w = \frac{1}{2}z \right.$$

の4元1次方程式で表わされ

$$x = \frac{4}{5}$$

$$y = \frac{3}{5}$$

$$z = \frac{2}{5}$$

$$w = \frac{1}{5}$$

という答が得られます．すなわち，Aが4個，Bが1個で勝負を始めれば，相手を破産させて優勝する確率は，4:1 であり，Aが3個，Bが2個で勝負を開始すれば，優勝する確率は，3:2 であるということで，優勝の確率が，資本金に比例するということを物語っています．

2人の資本の合計が5個であるときの，x, y, z と 1 および 0 との関係式 (*) をもう一度見てください．

x は，1 と y との平均値

y は，x と z との平均値

z は，y と w との平均値

w は，z と 0 との平均値

であることがわかります．ということは，次ページの左図のように，1 と 0 との間に，x, y, z, w が等間隔で，すなわち，等差級数で並んでいることを表わしています．

もっと一般的に，Aが m 個，Bが n 個の10円玉を持って，勝負を始めたとするとどうでしょうか．r 個を持っている人が優勝する確率

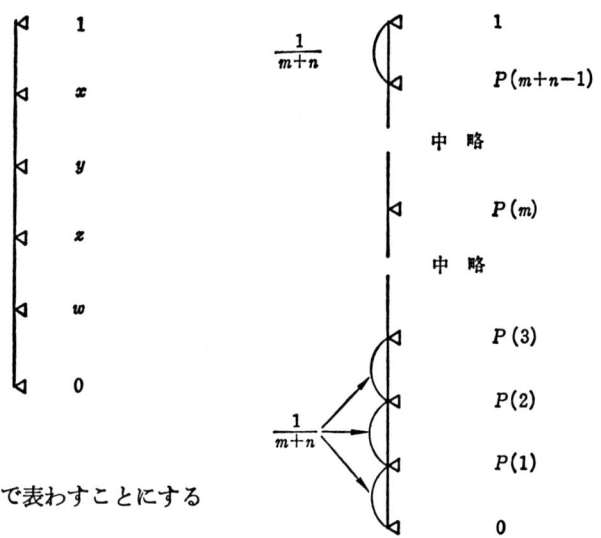

を $P(r)$ で表わすことにする
と

$$P(m+n-1)=\frac{1}{2}+\frac{1}{2}P(m+n-2)$$

$$P(m+n-2)=\frac{1}{2}P(m+n-1)+\frac{1}{2}P(m+n-3)$$

……………………………………………………

$$P(2)=\frac{1}{2}P(3)+\frac{1}{2}P(1)$$

$$P(1)=\frac{1}{2}P(2)$$

となり，$P(m+n-1)$, $P(m+n-2)$, ……, $P(2)$, $P(1)$ は，上の図のように，1 から 0 の間に等差級数で整然と並びます．したがって，一般的にいっても，優勝の確率は，資本の大きさに比例するということが証明されたわけです．

マルコフ過程

前の節で

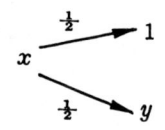

$$x \begin{array}{c} \xrightarrow{\frac{1}{2}} 1 \\ \xrightarrow[\frac{1}{2}]{} y \end{array}$$

というような書き方をしました．優勝する確率が x である状態から y である状態へ移行する確率が $1/2$ であるということを表わしていたわけです．一般に，ある状態から，ある状態へ移り変わる確率を**推移確率**と呼んでいます．

推移確率の話を続けるために，もう少しわかりやすい例をあげてみます．2つのつぼが置いてあります．このつぼの中には，おのおの2個ずつ計4個の球がはいっています．そのうちの2個は黒く，2個は白く塗ってあります．いま，目をつぶって，両方のつぼから1つずつの球を取り出し，交換してつぼに球を戻すという動作を繰り返してみます．つぼの中の球の状態には，図の a, b, c の3つのケースが生じます．

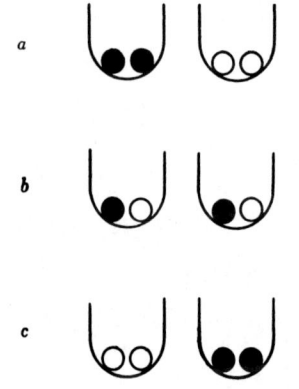

a という状態，つまり，左のつぼには黒球が2つ，右のつぼには白球が2つという状態にあったときに，左右のつぼの球を1個だけ交換すれば，必ず，b の状態になります．すなわち

XI 確率の大学院

$a \longrightarrow b$

の推移確率は 1 です．これを

$a \xrightarrow{1} b$

と書きましょう．また，c の状態にあったとき，左右のつぼの球を 1 個だけ交換すれば，絶対に b の状態になります．すなわち

$c \xrightarrow{1} b$

です．

b の状態から，球の交換を行なえばどうでしょうか．ちょっと複雑ですが，右下の図のような 4 つの交換のケースがあって，それぞれ，b, c, a, b の状態になりますから

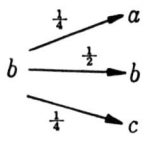

$$b \begin{array}{c} \xrightarrow{\frac{1}{4}} a \\ \xrightarrow{\frac{1}{2}} b \\ \xrightarrow{\frac{1}{4}} c \end{array}$$

であることがわかります．

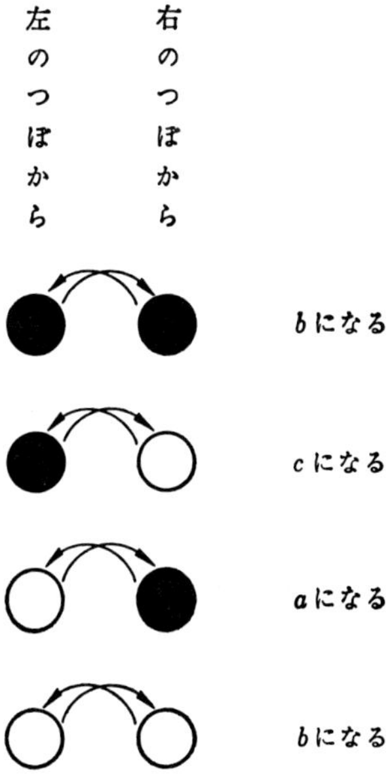

この実験で特徴的なのは，どういう状態へ，どういう確率で変化するかということが，1 回前の状態のみに依存しているということです．いいかえると

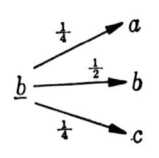

$$\underline{b} \begin{array}{c} \xrightarrow{\frac{1}{4}} a \\ \xrightarrow{\frac{1}{2}} b \\ \xrightarrow{\frac{1}{4}} c \end{array}$$

左のつぼから　右のつぼから

b になる

c になる

a になる

b になる

という変化のありさまは，アンダーラインを引いた b の状態によってのみ決まるのであって，その b の前が a であろうと b であろうと，あるいは c であろうと，そういうことにはまったく関係がないのです．このように，現在の状態が1回前の状態で決まるような確率の過程を**単純マルコフ過程**といっています．そして，現在の状態が，1回前と2回前の状態の両方によって決まるような確率の過程は**2重マルコフ過程**といわれます．同じように，3重マルコフ過程も，4重以上のマルコフ過程も考えることができます．

さて，2つのつぼの a, b, c 間の推移確率を表にしてみると

はじめの状態＼あとの状態	a	b	c
a	0	1	0
b	$\frac{1}{4}$	$\frac{1}{2}$	$\frac{1}{4}$
c	0	1	0

という形に整理されます．左側の a, b, c からみて，表の中の確率で，上の a, b, c に推移するという意味です．これを

$$P = \begin{pmatrix} 0 & 1 & 0 \\ \frac{1}{4} & \frac{1}{2} & \frac{1}{4} \\ 0 & 1 & 0 \end{pmatrix}$$

と書き表わして，**推移行列**と呼ぶことになっています．

マルコフ過程のゆくさきは

いまは，a か b か c かの状態にある2つのつぼの球を，1個ずつ1回だけ交換した場合，どういう確率でどういう状態に推移するかを調べたのですが，それでは，1個ずつ2回交換したらどうなるでしょうか．a の状態にあったとすると，まず，1回めの交換では

$$a \xrightarrow{1} b$$

ですから，必ず b の状態になりますが，2回めの交換では

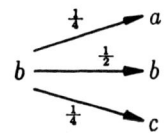

$$b \begin{array}{c} \xrightarrow{\frac{1}{4}} a \\ \xrightarrow{\frac{1}{2}} b \\ \xrightarrow{\frac{1}{4}} c \end{array}$$

となりますので，交換を2回行なったことによる推移確率は

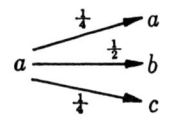

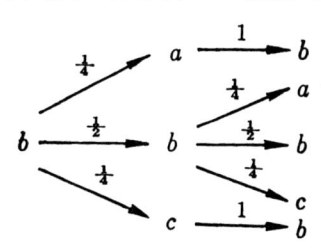

$$a \begin{array}{c} \xrightarrow{\frac{1}{4}} a \\ \xrightarrow{\frac{1}{2}} b \\ \xrightarrow{\frac{1}{4}} c \end{array}$$

で表わされます．はじめ，b の状態にあったとすると

ですから，2回の交換による推移確率は

$$
b \begin{array}{l} \xrightarrow{\frac{1}{8}} a \\ \xrightarrow{\frac{3}{4}} b \\ \xrightarrow{\frac{1}{8}} c \end{array}
$$

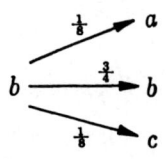

です．同様に，c の状態から2回の交換による推移確率は

$$
c \xrightarrow{1} b \begin{array}{l} \xrightarrow{\frac{1}{4}} a \\ \xrightarrow{\frac{1}{2}} b \\ \xrightarrow{\frac{1}{4}} c \end{array} = c \begin{array}{l} \xrightarrow{\frac{1}{4}} a \\ \xrightarrow{\frac{1}{2}} b \\ \xrightarrow{\frac{1}{4}} c \end{array}
$$

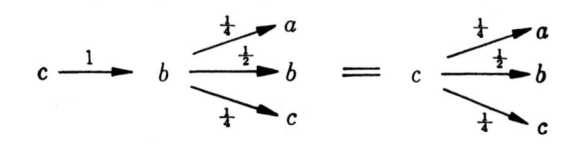

となります．2回の交換による推移行列を $P^{(2)}$ と書くことにすると，いままでの考察から

$$
P^{(2)} = \begin{pmatrix} \dfrac{1}{4} & \dfrac{1}{2} & \dfrac{1}{4} \\ \dfrac{1}{8} & \dfrac{3}{4} & \dfrac{1}{8} \\ \dfrac{1}{4} & \dfrac{1}{2} & \dfrac{1}{4} \end{pmatrix}
$$

となります．

$P^{(2)}$ を求めるには，実は，もっとスマートな方法があります．

$$P^{(2)} = P \times P$$

として計算ができるのです．さらに，球を3回交換することによる推移確率を $P^{(3)}$ と書けば

$$P^{(3)} = P \times P \times P = P^3$$

であり，n 回交換することによる推移確率 $P^{(n)}$ は

$$P^{(n)} = P^n$$

で表わされます.

この計算を利用するには，行列のかけ算を覚えなければなりません．たいしてめんどうではありませんから，覚えてしまいましょう．

$$\begin{pmatrix} a_1 & b_1 & c_1 \\ a_2 & b_2 & c_2 \\ a_3 & b_3 & c_3 \end{pmatrix} \times \begin{pmatrix} A_1 & B_1 & C_1 \\ A_2 & B_2 & C_2 \\ A_3 & B_3 & C_3 \end{pmatrix}$$
$$= \begin{pmatrix} A_1a_1+A_2b_1+A_3c_1 & B_1a_1+B_2b_1+B_3c_1 & C_1a_1+C_2b_1+C_3c_1 \\ A_1a_2+A_2b_2+A_3c_2 & B_1a_2+B_2b_2+B_3c_2 & C_1a_2+C_2b_2+C_3c_2 \\ A_1a_3+A_2b_3+A_3c_3 & B_1a_3+B_2b_3+B_3c_3 & C_1a_3+C_2b_3+C_3c_3 \end{pmatrix}$$

という形になります．一見，めんどうなようですが，整然とした規則性があるので，覚えてしまえば何でもありません．たとえば，左辺の大文字の行列のうち，2列め

$B_1 \quad B_2 \quad B_3$

に着目してください．それから，小文字の行列の3行め

$a_3 \quad b_3 \quad c_3$

を見てください．それらが，順序よくかけあわされて加えられた

$B_1a_3+B_2b_3+B_3c_3$

が右辺の2列めと3行めの交点，つまり3行めの中央に現われてきています．この例では，行列が縦横とも3つの項になっていますが，項はいくつでも，この規則性は同じことです．

このまねをして，P と P とをかけ合わせてみましょう．

$P^{(2)} = P \times P$

$$= \begin{pmatrix} 0 & 1 & 0 \\ \dfrac{1}{4} & \dfrac{1}{2} & \dfrac{1}{4} \\ 0 & 1 & 0 \end{pmatrix} \times \begin{pmatrix} 0 & 1 & 0 \\ \dfrac{1}{4} & \dfrac{1}{2} & \dfrac{1}{4} \\ 0 & 1 & 0 \end{pmatrix}$$

$$= \begin{pmatrix} 0+\dfrac{1}{4}+0 & 0+\dfrac{1}{2}+0 & 0+\dfrac{1}{4}+0 \\ 0+\dfrac{1}{8}+0 & \dfrac{1}{4}+\dfrac{1}{4}+\dfrac{1}{4} & 0+\dfrac{1}{8}+0 \\ 0+\dfrac{1}{4}+0 & 0+\dfrac{1}{2}+0 & 0+\dfrac{1}{4}+0 \end{pmatrix}$$

$$= \begin{pmatrix} \dfrac{1}{4} & \dfrac{1}{2} & \dfrac{1}{4} \\ \dfrac{1}{8} & \dfrac{3}{4} & \dfrac{1}{8} \\ \dfrac{1}{4} & \dfrac{1}{2} & \dfrac{1}{4} \end{pmatrix}$$

となり，228ページの考察による結果と同じ答が得られました．

つづけて，球を3回交換することによる推移行列を求めます．この章は，大学院ですから，へこたれずに読んでください．

$P^{(3)} = P^{(2)} \times P$

$$= \begin{pmatrix} \dfrac{1}{4} & \dfrac{1}{2} & \dfrac{1}{4} \\ \dfrac{1}{8} & \dfrac{3}{4} & \dfrac{1}{8} \\ \dfrac{1}{4} & \dfrac{1}{2} & \dfrac{1}{4} \end{pmatrix} \times \begin{pmatrix} 0 & 1 & 0 \\ \dfrac{1}{4} & \dfrac{1}{2} & \dfrac{1}{4} \\ 0 & 1 & 0 \end{pmatrix}$$

$$= \begin{pmatrix} \dfrac{1}{8} & \dfrac{3}{4} & \dfrac{1}{8} \\ \dfrac{3}{16} & \dfrac{5}{8} & \dfrac{3}{16} \\ \dfrac{1}{8} & \dfrac{3}{4} & \dfrac{1}{8} \end{pmatrix}$$

となります.同じように,つぎつぎと P をかけて,$P^{(4)}$, $P^{(5)}$ を求めると

$$P^{(4)} = \begin{pmatrix} \dfrac{3}{16} & \dfrac{5}{8} & \dfrac{3}{16} \\ \dfrac{5}{32} & \dfrac{11}{16} & \dfrac{5}{32} \\ \dfrac{3}{16} & \dfrac{5}{8} & \dfrac{3}{16} \end{pmatrix}$$

$$P^{(5)} = \begin{pmatrix} \dfrac{5}{32} & \dfrac{11}{16} & \dfrac{5}{32} \\ \dfrac{11}{64} & \dfrac{21}{32} & \dfrac{11}{64} \\ \dfrac{5}{32} & \dfrac{11}{16} & \dfrac{5}{32} \end{pmatrix}$$

という値になります.

P, $P^{(2)}$, $P^{(3)}$, $P^{(4)}$, $P^{(5)}$ と,球の交換の回数をふやすにつれて,推移行列がどのように変化するかを,注意深く眺めてみると,推移行列は

$$P^{(\infty)} = \begin{pmatrix} \dfrac{1}{6} & \dfrac{2}{3} & \dfrac{1}{6} \\ \dfrac{1}{6} & \dfrac{2}{3} & \dfrac{1}{6} \\ \dfrac{1}{6} & \dfrac{2}{3} & \dfrac{1}{6} \end{pmatrix}$$

にどんどん近づいていくことがわかります.

$P^{(\infty)}$ の意味を考えてみましょう. $P^{(\infty)}$ の意味を表にすると

はじめの状態 \ 無限回交換した後の状態	a	b	c
a ●● ○○	$\frac{1}{6}$	$\frac{2}{3}$	$\frac{1}{6}$
b ●○ ●○	$\frac{1}{6}$	$\frac{2}{3}$	$\frac{1}{6}$
c ○○ ●●	$\frac{1}{6}$	$\frac{2}{3}$	$\frac{1}{6}$

ということになります. すなわち, 左右のつぼの球を交換する回数をどんどん増していくと, ついには, 最初の状態が a であろうと b であろうと, あるいは c であろうと, そんなことにはおかまいなく, 1/6 の確率で a という状態が発生し, 2/3 の確率では b という状態になり, また 1/6 の確率で c という状態になる, ということです.

この結果は, 考えてみれば, あたりまえのことです. 左右のつぼの球を, でたらめに無限回も交換するのですから, はじめの状態の影響はすっかり消え去って, 白黒2個ずつの球をでたらめに, 2つのつぼに2個ずつ入れたときと同じ条件の確率で, 球の配り方が決まるものと考えてよいわけです. そう考えれば, a の状態に球が配られる確率は, 「4個の球の中から, 左のつぼに入れる球を2個取り出したとき, 2個とも黒がある確率」ですから

$$\frac{2}{4} \times \frac{1}{3} = \frac{1}{6}$$

で, 何の不思議もありません. また, b の状態になる確率は, 「4個の球の中から, 左のつぼに入れる球を2個取り出したとき, 1個が黒,

1個が白である確率」ですから，最初の1個は何色でもよく，つぎの1個はそれと違う色である必要がありますので

$$1 \times \frac{2}{3} = \frac{2}{3}$$

ということになります．

人の噂はあてにならない

2つのつぼの球を何回も交換する問題は，確率の遊ぎとしてはともかく，私たちの実生活にはあまり関係がなさそうです．それに，マルコフ過程などとむずかしいことを言わなくても，結果は別の考え方から想像することができました．けれども，こんな問題はどうでしょうか．

いまははやりませんが，私たちが学生の頃にはよく長距離の行軍訓練がありました．1日に30キロメートルぐらいは歩いたものです．細い山道などを歩くときには，数百人の団体ですと，先頭と最後の人との距離が1キロメートルぐらい離れてしまうことがあります．こういうとき，伝言の練習をよくやったものです．先頭を歩いている教官がつぎの学生に小さい声で，ある言葉を伝えます．その学生は，そのつぎの学生に同じ言葉を伝えます．つぎからつぎへとその言葉が正しく伝えられて，最後尾の学生にまでまちがいなくその言葉が伝えられれば成功です．何でもないようなことですが意外にむずかしくて，先頭の教官が，「あすの朝は8時に集合せよ」という言葉を流したのに，最後尾の学生のところへは「教官の奥さんは美人だ」と伝わってきたりします．8時集合と美人の奥さんと，どういう関係があるのか知りませ

んが，伝言のむずかしさのいきさつをマルコフ過程で調べてみましょう．

マルコフ過程を簡単にするために，伝言は 'Yes' か 'No' かのどちらかであることがわかっているものとして，各人が伝言をまちがえる確率が 1/10 である場合を考えてみます．すなわち，推移確率は

	Yes	No
Yes	0.9	0.1
No	0.1	0.9

で表わされますから，推移行列 P は

$$P = \begin{pmatrix} 0.9 & 0.1 \\ 0.1 & 0.9 \end{pmatrix}$$

となります．$P^{(2)}$, $P^{(3)}$, $P^{(4)}$ などを P をかけ合わせて計算してみますと

$$P^{(2)} = \begin{pmatrix} 0.82 & 0.18 \\ 0.18 & 0.82 \end{pmatrix}$$

$$P^{(3)} = \begin{pmatrix} 0.756 & 0.244 \\ 0.244 & 0.756 \end{pmatrix}$$

$$P^{(4)} \doteqdot \begin{pmatrix} 0.704 & 0.296 \\ 0.296 & 0.704 \end{pmatrix}$$

となっていきます．$P^{(4)}$ は，4回の伝言の後に，Yes が正しく Yes と伝わっている確率が 0.704 で，Yes が No と伝わってしまう確率が 0.296 であることを示しています．

それでは，何百人の伝言を経た後にはどうなっているでしょうか．何回も何回も，試行が繰り返されて，最初の状態の影響が残らなくなってしまった後における推移行列はつぎのようにして，簡単に求めら

れることがわかっています．推移行列 P が

$$P=\begin{pmatrix} a_1 & b_1 & c_1 \\ a_2 & b_2 & c_2 \\ a_3 & b_3 & c_3 \end{pmatrix}$$

の形であるとします．最初の状態の影響が残らなくなってしまった後の推移行列を $P^{(\infty)}$ と書くと，$P^{(\infty)}$ では，最終の状態へ移行する確率が，最初の状態のいかんにかかわらず同じなのですから

$$P^{(\infty)}=\begin{pmatrix} x & y & z \\ x & y & z \\ x & y & z \end{pmatrix}$$

という形になります．この x, y, z はつぎの一次式を連立して解けば求められるしかけになっています．

$$\begin{cases} a_1 x + a_2 y + a_3 z = x \\ b_1 x + b_2 y + b_3 z = y \\ c_1 x + c_2 y + c_3 z = z \end{cases}$$

未知数が3つで，方程式が3つありますから，一般には，これで解けそうなものですが，移推行列の形にある規則性があるため，うまくいかないのがふつうです．そのときには

$$x+y+z=1$$

を追加してください．ここでは，推移行列が3行の場合で示してありますが，何行の場合でも同じことです．

さて，Yes と No の伝言の推移確率に戻ります．

$$P=\begin{pmatrix} 0.9 & 0.1 \\ 0.1 & 0.9 \end{pmatrix}$$

でしたから

$$P^{(\infty)}=\begin{pmatrix} x & y \\ x & y \end{pmatrix}$$

として，連立方程式を作ると

$$\begin{cases} 0.9x+0.1y=x \\ 0.1x+0.9y=y \\ x+y=1 \end{cases}$$

です．これを解くと

$x=0.5$

$y=0.5$

が求まります．すなわち，伝言の回数が非常に多くなると推移確率は

	Yes	No
Yes	0.5	0.5
No	0.5	0.5

になることがわかりました．いいかえると，教官が Yes と言っても No と言っても，何百回もの伝言を経て最終の学生のところに伝わってくる頃には，Yes である確率と No である確率とが五分五分だということです．たくさんの人の口を経て伝わってくる人の噂が，どんなにあてにならないものであるかが，よくわかります．

前の節で述べた2つのつぼの問題も，この方法によって簡単に解くことができます．

エルゴード性

いままでの2つの例のように，数多くの試行の繰返しの後には，最初の状態に関係なく一定の確率状態になってしまうような性質をエルゴード性といいます．私たちの身の回りにはこういうエルゴード性を

持った現象がいくらでもあります．

　市場をほぼ二分して占有している2つの新聞があるとします．A紙の読者はかたくて，1ヵ月後B紙にのりかえる確率は 0.1 です．B紙の読者は，1ヵ月後には 0.3 の確率でA紙の読者に変わるものとしましょう．長年月たった後には，A紙とB紙の市場占有率はどうなるでしょうか．推移確率は

	A紙	B紙
A紙	0.9	0.1
B紙	0.3	0.7

です．推移行列は

$$P = \begin{pmatrix} 0.9 & 0.1 \\ 0.3 & 0.7 \end{pmatrix}$$

で，$P^{(\infty)}$ は

$$P^{(\infty)} = \begin{pmatrix} x & y \\ x & y \end{pmatrix}$$

の形になります．x と y は，つぎの連立方程式から求められます．

$$\begin{cases} 0.9x + 0.3y = x \\ 0.1x + 0.7y = y \\ x + y = 1 \end{cases}$$

これを解くと

$$x = \frac{3}{4}$$

$$y = \frac{1}{4}$$

となりますから，長年月後の市場占有率は，A紙が75%，B紙が25%

となります.

　水槽の中央に区切りの板を入れて、片方に赤い液を、他方には青い液を入れて、そっと区切り板を取り除くと、赤い液と青い液とは拡散をして混り合います. このときの混り合いは、水の分子がでたらめに運動をしながら交換されていくことによって起こりますので、やはりマルコフ過程の問題です. ついには均一の状態になってしまう拡散の現象などは、最も典型的なエルゴード性の例です.

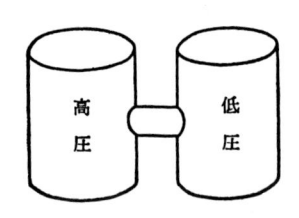

　図のように、圧力の高い部屋と、圧力の低い部屋とをパイプでつないでやると、圧力の高いほうから低いほうへ気体が流れます. これは、圧力の高いほうが分子の数が多いので、勝手気ままに運動している高圧室の分子が、隣の部屋へ飛び出して行ってしまう確率が、低圧の部屋の分子が高圧の部屋へ飛び出していく確率よりも大きい、ということに起因しています. この例も、ついには、高圧の部屋から低圧の部屋へ分子が飛び出す確率と、低圧の部屋から高圧の部屋へ分子が飛び出す確率とが等しくなって、安定した状態になってしまいますので、エルゴード性のある現象ということができます.

　このほか、熱の伝達の問題、細胞分裂による増殖の問題、生命の発生の問題など、そんなものにも関係があるのかな、と首をひねりたくなるさまざまの問題にまで、マルコフ過程の考え方が応用されはじめています.

確率で英語を作ってみよう

英語の文章は，26文字のアルファベットと，単語と単語の間のスペースとで作られています．つまり，27の記号で構成されていると考えることができます．その27の記号がどのような確率で使われているかは，すでに，24ページに一覧表にしてあります．そこで，その確率にしたがうように記号を選び出して英語を作ってみましょう．待ち行列のところでやったように乱数表を使ってもよいのですが，ここでは，くせのなさそうな平凡な英文をもってきて，それを使ってみます．手元に準備した英文はつぎのようなものです．

Early in life I learned what it means to be unable to do what others can do. I was born with stumps where legs ought to be. For my first six years a hospital was my home. After that I had to wear special boots. My legs were so short that my arms almost touched the ground. Some of the boys near my home laughed at me and called me names, and so I learned to fight. When I was twentyfive years old I was only three feet eight inches tall. Then a wonderful thing happened. A doctor named Robert Yanover took me to see a friend who was clever at making things with his hands. He made a pair of aluminum legs for me. When they put the aluminum legs on me, I was five feet eight inches tall. Suddenly everyone realized that I was a man. (以下略)

この英文は，27の記号の発生確率にしたがって作り出されているはずですから，これをばらばらにして使えば27の記号の乱数表として使

えるはずです．そこで，はじめから10番めごとに文字を抜き取って並べてみます．単語の間のスペースも1つの記号として数えることを忘れないでください．

LRIOEACATW BFYS FIEL　　TMTEO　AMLEITHT
　TYEN NIERBE F RGINEF ME L　EHTNND
A OVDARHHR ME ELHEETVENUE

この文章は，27の記号の使用確率については英語のまねをしたのに，あまり英語らしくありません．それもそのはずで，英語には，文字が現われる確率のほかに，もう少し英語としてのくせがあるのです．たとえば，Qという文字のつぎには必ずUがきますし，Bのつぎには，Eが並びやすくて，Tはめったにこないというようなくせがあります．「ある文字がきたとき，そのつぎにある文字が現われる確率」を考えてやると，これは，英語の文字が現われる確率を単純マルコフ過程として考えていることになります．

それでは，単純マルコフ過程と考えて，英文を作ってみましょう．さっきの英文の10番めの文字Lからはじめます．英文のはじめからLを捜していくと，最初の単語の中にすでに見つかりました．LのつぎはYです．そこで

　　LY

と記録します．そして，ここのLYという文字は，二度と使わないように，鉛筆でしるしを付けておきます．つぎに，Yの字を捜します．最初の単語のYはもう使ったので，これはとばします．ずっと見ていくと3ためにmyという単語があり，Yが見つかりました．Yのつぎはスペースです．そこで，つぎには，英文の最初からスペースを捜して，そのつぎのIを採用します．こうして，ある文字がきたとき，そ

XI 確率の大学院

のつぎの文字が何であるかの確率を英語に等しくなるようにして英文を作ってみると，つぎのようになりました．

LY IFO LEARS ITO WHEDOREAT MPI UGS D CITUCABE WAND ST WANE L OTOSI MYE AR HEAL T WEGRE MY S HAF

まだ，あまり英語らしいとはいえませんが，それでも，heal や my のような見なれた単語も現われて，さっきよりは，英語に近い感じがします．

さらに，英文を2重マルコフ過程と考えてみましょう．つまり，文字の現われる確率は，その前の文字と，さらにもう一つ前の文字とによって決まると考えるわけです．いま作った英文の最初の2文字 LY からはじめます．私たちの英文の頭から LY を捜していくと，最初の単語にすぐに見つかりました．前に作った英文の LY は，ここの L とずっとあとの Y とで作ったので，ここの LY とは関係ありません．LY のつぎはスペースですから，スペースを□で表わすことにして，まず

LY□

を採用します．つぎは Y□ のあとにくる文字を見つけます．ずっと見ていくと3行めに y□ があり，そのつぎの文字はFです．さらに，□Fのあとの文字を，一度使った文字は使わないようにして捜しますと，6行めに □fight という単語があり，Iを選ぶことができます．このようにして，2重マルコフ過程と考えて作られた英文はつぎのとおりです．

LY FIR TO DO WHAT MY HOMEARN LE INCHERE USED TO BOOKE FE ARS WAS CAND

ANORT ST ITHE LEGS OF TO ATENT TWO SINCERD

今度は，知っている単語がたくさん並んでいます．いかにも英文らしくなってきたではありませんか．

この調子でいくと，文字の出現の確率を3重マルコフ過程，あるいは4重マルコフ過程と考えて英文を作っていけば，ますます英語らしくなってくることが考えられますし，事実，そのとおりです．いまは，文字の出現の確率を英文に合わせたのですが，文字の代わりに単語を使ってやれば，もっと手っとりばやく英文を作ることができます．

このようにして，人間の意志を入れずに文章を作り出すことは，ドイツ語でも日本語でもできます．人間の意志によらずに作られた文章に，もし重大な内容があったとしたら，それは，私たちに対してどんな意味を持っているのでしょうか．

確率の倫理

東京では，平均して1日あたり3人ぐらいずつ，交通事故で亡くなられる方がいます．誠に，お気の毒なことです．しかし，この災難はいつわが身にふりかかるかもしれないのです．交通事故の中には，自分の注意だけでは防ぎきれない突発的なものが少なくないからです．注意深さによって個人差はあるでしょうが，おおまかにいえば，東京の人口を千万人として，私たちには毎日，千万分の3ぐらいの確率で交通事故で死亡する可能性があることになります．この値は，ほとんど家庭にいて交通事故に逢う可能性の少ない主婦やご老人を含めての値ですから，外出の機会の多い私たちは，本当はもっと大きな死の確

率に直面しているかんじょうになります.

しかし,私たちが毎朝,家を出るときに,この死の確率がこわいからといって,出勤をしぶっていたのでは,社会が成り立ちませんし,そのおく病さは,近所の人たちのもの笑いの種になるでしょう.

わが国でも,原子力発電による電力が使われています.原子炉は,非常に小さい確率ではありますが,非常に大きな爆発を起こす可能性を持っています.

飛行機だってそうです.船では何週間もかからなければ行くことができなかったアメリカまで,今では10時間もあれば,飛んで行くことができますし,近いうちに,3時間で飛んで行ける超音速の旅客機も実用化されるかもしれません.まったく便利になったものですが,そのうらには,いくらかの確率で無惨な死亡事故がつきまとっています.

だからといって,飛行機も原子力発電も自動車も存在すべきではないという議論は成り立ちません.それらは私たちの社会に大きな利益をもたらしてくれるからです.それでは,いったい,私たちはこれらの利益の代償として,どれだけの死の確率を許容すべきなのでしょうか.

人間の生命の価値を金額として見積れるならば,許容されるべき死の確率を計算することは,不可能ではありません.すべての人の人命の価値が等しく,一定である場合でも,人命の価値にある分布を想定できる場合でも,理くつのうえでは,死の確率の許容値は計算で求めることができるはずです.ある文明の利器を使用したとき人類が得る利益の総額と,その結果として失われる人命の価格の期待値とが等しくなるように,死亡の確率を定めればよいのですから.

しかし,人命の価値を金額で表示するには,倫理上の多くの問題に

明確な解答が与えられている必要がありそうです.これは,哲学や宗教の大きな命題の一つであるはずだと思うのですが,取り扱いにくい問題だとみえて,人命の価値を金額で評価しようというはしたない試みをしてくださる偉い先生はいらっしゃらないようです.

そうなると,確率屋さんのほうで,確率に関する倫理をある程度は作り出さないといけないのではないでしょうか.

フランスのエミール・ボレルという数学者は

個人的尺度において無視できる確率は 10^{-6}

地上的尺度において無視できる確率は 10^{-15}

宇宙的尺度において無視できる確率は 10^{-50}

ぐらいだ,というようなことを言っています.このくらいの確率で起こる現象は,起こらないと考えてよい,というのです.10^{-6} という表現は,慣れていないとわかりにくいかもしれません.

10^{-6} は,百万分の一

10^{-12} は,そのまた百万分の一

10^{-15} は,そのまた千分の一

というように,右肩の数字が1つ増すごとに1桁ずつ小さくなっていきます.

東京で1日のうちに交通事故で死亡する確率は,ある個人にとっては 10^{-6} の 1/3 ぐらいですから,個人の尺度としては,一応,無視してさしつかえない値だということができます.そういう意味で,毎朝,くよくよしないで出勤していただくほかありません.しかし,1日を単位としてでなく,1年を単位としてみると,ある個人が交通事故で死亡する確率は,10^{-4} ぐらいに増えてしまいますから,ちょっと無視しにくくなります.交通事故保険などという保険が成立する理由

がここにあります.

地球上には数十億の人間が住んでいます.しかも,現代のようにマスコミの発達した時代になると,世界中のどこに起こったできごとでもすぐに知ることができます.ですから,地上的な尺度で無視できる確率は,個人的な尺度で無視できる確率の十億分の一ぐらいであるはずです.それで,地上的な尺度で無視できる確率を,エミール先生は 10^{-18} としたのでしょう.

また,1億年は 10^{15} 秒の3倍ぐらいですし,6畳の部屋の中にある酸素と窒素の分子の数は 10^{27} ぐらいですから,こういう規模から考えて 10^{-50} という確率は,時間的にも空間的にも十分に無視してさしつかえない値なのでしょう.

II章で,私の部屋の空気の分子が全部部屋の上半分に集まってしまったら,というばかみたいな話をしましたが,そういうことが起こる確率は

$$\left(\frac{1}{2}\right)^{10^{27}}$$

ぐらいであって,これは 10^{-50} より桁はずれに小さい値であり,そんなことはまったく起こらないと考えて十分です.

エミール先生の提案は,これはこれで一応はつじつまがあっているようです.しかし,宝くじの1等に当たる確率は,ほぼ 10^{-6} です.そして,多くの人たちが1等に当たることを夢みて宝くじを買っていきます.個人的尺度では無視すべき確率でしかないのに.都合の悪いほうの確率は無視して,それと同じ程度の都合のよいほうの確率を期待するのは,人生をほがらかに暮すのにはぐあいがいいかもしれませんが,論理的にはむじゅんがあるように思われます.人間の意志を決

定するための手段として確率が使用されるとき，共通な判断がなされるためには，何かもう一つ，説得力のあるめやすが必要であるように思えてなりません．

　もう一つの問題は，心臓移植の可能性が人間の生命の定義に新しい疑問を投じているように，あるいは，コンピュータの超人的な作業力が創造に新しい意味づけを強要しようとしているように，人間の意志がはいらない偶然を私たちがふんだんに利用するとき，その偶然の結果に私たちがどういう責任を持つべきかに関して，新しい倫理が必要となりつつあるのではないか，ということです．

　英語の構成をマルコフ過程と考えて，英文を作り出すことを前の節で試みてみました．その結果，何かをぼうとくするような文章が発生したり，他人を，あるいは自らを傷つける内容の文章ができてしまったりしたとき，偶然のいたずらだからと，笑ってすませてよいのでしょうか．現代では，世界の強国がその政策決定を行なうための手段として，確率的な現象をコンピュータにモンテカルロ・シミュレーションをさせて判断の資料を作り出すことが行なわれているようです．最終的に判断をするのは人間ですが，その判断を決定づける資料が‘確率’によって作られているのですから，この場合，偶然が人間の判断を決定していると考えることができます．もし，その偶然が，人類を破滅に追いこむような失敗をやらかしたとしたら，いったい，どういうことになるのでしょうか．

　私には，どうしても，手おくれにならないうちに，確率を利用するための倫理が確立されなければならないように思えてなりません．

ひとやすみ

確 率 の は な し
――基礎・応用・娯楽――

娯　楽　編

運と対決したら，のぼせ易くては駄目だ，冷たく計算
を働かすことだ．

大 仏 次 郎

XII. パチンコの確率

パチンコの一般式

 パチンコが，いまのように，日本の津々浦々までいきわたって，繁栄をきわめたのは，日本の敗戦後のことのようですが，その元祖はずいぶん古いもののようです．私が小学生の頃，昭和10年代なのですが，私が育った千葉県の田舎町にも子供相手の駄菓子屋の店先にパチンコが置いてあったのを記憶しています．もっとも，その頃のパチンコは子供が相手で，いまのように，大の男が目の色を変えてとっ組んでいるパチンコとはかなり性質が違いました．原理はまったく同じですが，玉がはいるところころと2つだけ玉が出てくる，つつましくものどかなパチンコでした．

 いまのパチンコのように，玉がはいると青や赤の電気がついて，チーン，ジャラジャラとそうぞうしいパチンコの確率を計算するのは，ちょっとめんどうなので，手はじめに，玉がはいると2つだけ玉が出て

くるつつましいパチンコを対象にして、パチンコの確率を調べてみることにします。考え方は、「資本金の異なる2人がかけをしたとき相手を破産させる確率」を計算したときとほとんど同じです。まず、玉をはじいたとき、玉が孔にはいる確率を p とします。そして、玉が孔にはいると2つの玉が手元に戻ってきます。すなわち、p の確率で1個のもうけ、$1-p$ の確率で1個の損失ということになります。たとえば、2個の玉を持っているとき、目標を5個とすると、目標を達成する確率はいくらでしょうか。

玉を1個持っている人が目標を達成する確率を P_1

玉を2個持っている人が目標を達成する確率を P_2

玉を3個持っている人が目標を達成する確率を P_3

玉を4個持っている人が目標を達成する確率を P_4

とすると、XI章のときと同じように

$P_1 = pP_2$

$P_2 = pP_3 + (1-p)P_1$

$P_3 = pP_4 + (1-p)P_2$

$P_4 = p + (1-p)P_3$

と書くことができます。XI章のときには p も $1-p$ も 0.5 だったのですが、パチンコの場合には、玉がはいる確率が 0.5 かどうかわからないので、ここではもっと一般的な形にして p とおいているわけです。とにかく、p がある固定した値であると考えれば、方程式が4つありますから4つの未知数 P_1, P_2, P_3, P_4 はいずれも求められるはずです。

もっと一般的に書いて、r 個の玉を持っている人が n 個という目標に到達しうる確率は

$$P_1 = pP_2$$
$$P_2 = pP_3 + (1-p)P_1$$
....
$$P_r = pP_{r+1} + (1-p)P_{r-1}$$
....
$$P_{n-1} = p + (1-p)P_{n-2}$$

という $n-1$ 個の1次方程式を連立して解けば求められることになります．この連立方程式を解くには，ちょっとしたテクニックが必要なので，途中は省略して結論だけを書きますと，つぎのようになります．r 個から出発して n 個に到達しうる確率 P_r は

$$P_r = \frac{\left(\dfrac{1-p}{p}\right)^r - 1}{\left(\dfrac{1-p}{p}\right)^n - 1}$$

で表わされます．もちろん，目標に到達することができずに，武運つたなく破産をする確率は

$$1 - P_r = 1 - \frac{\left(\dfrac{1-p}{p}\right)^r - 1}{\left(\dfrac{1-p}{p}\right)^n - 1} = \frac{\left(\dfrac{1-p}{p}\right)^n - \left(\dfrac{1-p}{p}\right)^r}{\left(\dfrac{1-p}{p}\right)^n - 1}$$

ということです．意外に整った形の式になりました．

ところで，$p=0.5$ の場合には，これらの式は役に立ちません．分子も分母も0になって，何のことかわからなくなってしまうからです．しかしすでに私達は，XI章の考え方を利用すれば，$p=0.5$ つまり，玉がはいる確率が $1/2$ なら，n 個の目標を達成できる確率は

$$P_r = \frac{r}{n}$$

であることを知っています．

これから，これらの式を利用して，玉のはいる確率 p と目標を達成する確率 P_r の関係，資本と目標によって，目標達成の確率がどう変わるかなどを調べてみようと思います．これらの式は，玉がはいれば，1個の投資が2個に増えるというつつましいパチンコの場合の式なのですが，後に述べるように，この式で調べたパチンコの確率は，玉がはいると10個も20個も玉が出てくるような場合でも，ほとんど同じ性質を持っています．

パチンコは腕がものをいう

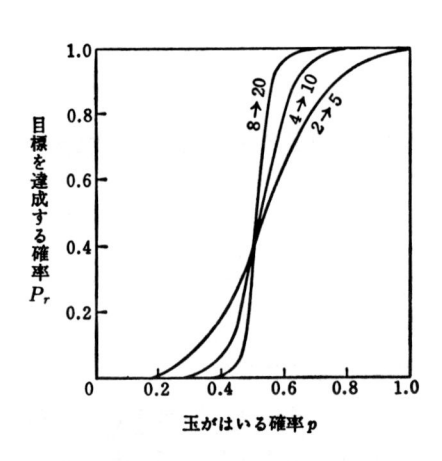

まず，左の図を見てください．横軸は玉がはいる確率で，縦軸が目標を達成する確率です．図の中に3本の曲線がありますが

  2→ 5は，2個からはじめて目標を5個とした場合

  4→10は，4個からはじめて目標を10個とした場合

  8→20は，8個からはじめて目標を20個とした場合

を表わしています．いずれも，さきほどの P_r の式から計算したものです．この3つの場合は，資本と目標額の比がすべて同じなのですが，資本と目標額の大きさが大きいほど曲線が立っています．

XII パチンコの確率

 2→5 というように,資本も目標も小さいときには,簡単に目標を達成するか破産するかして,比較的短時間で勝負がついてしまうでしょう.ですから,ある意味では,いちかばちかの勝負に近い性質があって,偶然のいたずらがはいりこむ余地が大きいのです.それで,p が 0.2 とか 0.3 とかいう小さい値であっても,目標を達成することは絶望ではないし,逆に,p が 0.8 とか 0.9 とかいう大きな値であっても,ぜったい確実に勝利が得られるという保証はありません.

 一方,8→20 ぐらいになると,p が 0.3 ぐらい以下では目標の20個に到達することは,まったく望みがないとみなすことができますし,p が 0.7 ぐらい以上ならば,目標達成に絶対の自信を持っても大丈夫でしょう.ここにも,基礎編でお話ししたように,大数の法則が生きています.

 さて,こうしてみると,パチンコが,負けるかもしれないけれど勝てるかもしれないというかけの対象として繁栄を続けるためには,p は 0.5 の近辺,0.45 から 0.55 ぐらいの間にある必要がありそうです.もし,0.45 より小さいようならば,お客さんは,ほとんどの場合に負けてしまい,チョコレートの包をかかえて家路を急ぐことはめったに起こらなくなってしまいます.これでは,パチンコ屋には客が来なくなってしまうでしょう.反対に,p が 0.55 より大きいならば,チョコレートを取って帰るお客ばかりになって,千客万来でパチンコ屋は満員になるでしょうが,パチンコ屋は景品代で破産してしまいます.ですから,玉がはいる確率 p は,0.5 のごく近くの値でなければ,パチンコは存在しえません.

 そして,このへんが微妙なのです.p がちょっと大きくなると,目標を達成する確率はぐんと大きくなり,破産をする確率は非常に小さ

くなります．たとえば，8→20 の場合，p が 0.5 ならば，成功の確率は 0.4 ですが，腕におぼえがあって p を 0.55 にすることができれば，成功の確率は 0.8 ぐらいに上昇します．逆に，腕が悪くて，p が 0.45 に下がると，成功の確率は 0.1 もなくなってしまいます．

そこで私は思うのです．やっぱり，パチンコは腕がものをいうのだと．パチンコ屋は，何台かの機械の p が，なるべく揃って 0.5 より心もち小さめになるように機械を調節するでしょうし，また，1 台の機械の中では，どの位置へ玉が飛んでも p が一定になるように，釘を曲げたり，風車をいじったりするでしょう．p を 0.5 より心もち小さめの値に揃えて，どの客ともその p で勝負をするのが，パチンコ屋にとっては勝利につながる道なのですから．ところが，どんなに気をつけても，やはり，p にはむらができるでしょう．何台かの機械の中には

確率の大きい
コースがありそう

p がやや大きめのものも,小さめのものもできるでしょうし,それより,1 台の機械の中に,玉のコースによって p が大きい部分ができることは避けられないと考えられます.そこが,つけめです. p が大きい機械を選択する目と, p の大きいコースへ玉を集中できる腕とがあれば,直感的に考えても p を他の人達より 0.02 や 0.03 だけ大きくすることはさして困難ではないように思われます.そして,この 0.02 や 0.03 というわずかの確率の差が,パチンコでは非常に重要なのですから,やっぱり,パチンコは腕の良い人にはかないません.

目標額を決めなさい

つぎは,資本力と欲のかきっぷりの問題です.下の図は,前と同じように,横軸が玉のはいる確率 p で,縦軸が目標に到達する確率 P_r です.目標はいずれも 20 個で,パチンコを始めるときの手持ちの玉が,2, 6, 10, 14, 18 個の場合について曲線が画いてあります.

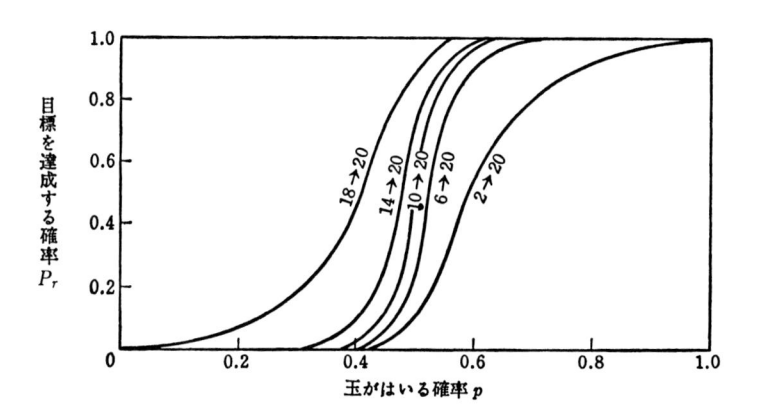

20個を目標にして，資本が6，10，14個という健全な遊び方をする場合には，いま，お話ししたように，p を平均より少しだけ大きめにするという努力が非常に有効です．その代わり，腕がなまって p が下がるとてきめんに破産の確率が増加します．

資本が2個で20個を取ろうという大それた野心を抱くのは，かなり腕が良くないと，しょせんむりというものです．反対に，18個の玉を20個にふやそうといういじらしい希望は，だいぶ腕が悪い人でも，多くの場合，かなえてもらえそうです．この図から得られる教訓は，資本は大きければ大きいほど良い，目標は小さければ小さいほど良いというあたりまえのことなのですが，パチンコの玉がはいる確率 p が 0.5 にごく近い値であろうということを思い出して，おおざっぱにいうと，目標は，資本の3倍以下ぐらいにおさえておくのが無難なようです．

いままでの計算は，目標値をあらかじめ決めておいて，その目標に達したら，いまが油の乗りきったまっさい中であっても，男らしくきっぱりと終りにするという場合でした．ところが，なかなかそうはいかないのが人情で，この人情には，とことん痛い思いをさせられているわけです．あそこでやめておけば，あれだけもうかったのになあ，というしだいです．そこで，目標を決めないでパチンコをやってみることにします．目標を決めないということは，目標を達成する確率 P_r を計算した式で，目標値 n を無限大にした場合に相当します．もう一度 P_r の式を書いてみましょう．

$$P_r = \frac{\left(\frac{1-p}{p}\right)^r - 1}{\left(\frac{1-p}{p}\right)^n - 1}$$

もし，p が 0.5 よりも小さければ，$1-p$ は 0.5 よりも大きいので

$$\frac{1-p}{p} > 1$$

となります．この値を何回も何回もかけ合わせて，無限回のかけ算をくり返したとすると，その値は，1 回のかけ算ごとに大きくなる一方で，ついには無限大の大きさになります．ということは，P_r の式で n を無限大にすると分母が無限大になるということです．したがって，P_r は 0 になります．つまり，p が 0.5 より小さければ，目標を達成する確率は 0，いいかえれば，絶対確実に破産をするということです．

p がちょうど 0.5 の場合には

$$P_r = \frac{r}{n}$$

で表わされますが，この式でも n を無限大にすれば，P_r は 0 になりますから，やはり破産はまちがいなしです．

パチンコ屋は，p を 0.5 にしたのでは，平均すれば損もないかわりにもうけもないので店が成り立ちませんから，きっと p を 0.5 以下にするように細工をしているでしょう．0.5 以下の p で，目標を決めずにパチンコに挑戦したのでは破産はまぬがれえぬ宿命です．パチンコには目標額を決めてから挑戦しましょう．

p を 0.5 より大きくする自信をお持ちの方の場合には，救いがあります．P_r の式で

$$\frac{1-p}{p} < 1$$

として，n をどんどん大きくしていくと P_r は

$$1 - \left(\frac{1-p}{p}\right)^r$$

になります．もし，打ちどめが決めてなければ，これだけの確率で手持ちの玉はさい限なく増え続けるということです．手押し車にいっぱいの，あるいは，ダンプカーに山盛りのパチンコの玉も夢ではありません．しかし，たとえ p が 0.5 より大きくても，確実にダンプカーに山盛りの玉をかく得できるのではなく，破産してしまう確率が

$$\left(\frac{1-p}{p}\right)^r$$

だけあることを，どうぞお忘れなく．

手押し車いっぱいの玉も
夢ではない
ただし　$p > 0.5$ ならばだ

現代のパチンコ

これまで調べてきたパチンコの確率は，玉がはいると 2 つの玉が出

XII パチンコの確率

てくるパチンコで，古き良き時代の物語りでした．ここで一足とびに現代にとんで，チーン，ジャラジャラのパチンコの確率に移ります．玉のはいる確率が p で，玉がはいると10個の玉がジャラジャラ．目標を100個としたとき，私達の99元1次の連立方程式はつぎのようになります．たとえば，P_{97} は 97 個の玉を持った状態の人が，100 個の目標を達成する確率です．

$P_1 = pP_{10}$

$P_2 = pP_{11} + (1-p)P_1$

$P_3 = pP_{12} + (1-p)P_2$

………中　略………

$P_{88} = pP_{97} + (1-p)P_{87}$

$P_{89} = pP_{98} + (1-p)P_{88}$

$P_{90} = pP_{99} + (1-p)P_{89}$

$P_{91} = p + (1-p)P_{90}$

$P_{92} = p + (1-p)P_{91}$

$P_{93} = p + (1-p)P_{92}$

………中　略………

$P_{98} = p + (1-p)P_{97}$

$P_{99} = p + (1-p)P_{98}$

さっきの場合と違うところは，玉が出ると一度に9個も玉が増えてしまうので，P_3 は一挙に P_{12} まで9階級特進をしてしまうことです．さらに，P_{91} 以上では，玉がはいると 100 個以上になって目標を達成してしまいます．P_{93} という状態では，玉がはいると 102 個の財産持ちになって目標を上回ってしまうのですが，2個だけ目標を上回ったからといって，それをパチンコ屋に返納するほど律気な方もないでし

ょうから，100個を上回った場合は何個上回ろうとも，一律に目標達成と考えます．

この99元1次方程式は，p を固定して考えれば，99個の方程式がありますので，99個の未知数 $P_1, P_2, \cdots\cdots, P_{99}$ を全部求めることができます．しかし，この連立方程式を人力で解くのは気が遠くなるほど手間がかかります．P_{90} までの式と，P_{91} からの式とでは式のスタイルが異なりますが，こういう不連続なところがあると，高等数学も威力を発揮できないのです．

そこで，もう少し簡単な場合について調べてみることにします．玉がはいる確率は1/3で，玉がはいると3個の玉が出てくるパチンコを考えてみます．これは，1個の玉を投資してかく得できる玉数の期待値が

$$\frac{1}{3} \times 3 = 1$$

ですから，お客にとってもパチンコ屋にとっても損得のない場合です．この章のはじめにお話ししたクラシックなパチンコの

$$p=0.5$$

の場合に相当します．目標値を5個とすると，つぎの連立方程式が成立します．

$$P_1 = \frac{1}{3} P_3$$

$$P_2 = \frac{1}{3} P_4 + \frac{2}{3} P_1$$

$$P_3 = \frac{1}{3} + \frac{2}{3} P_2$$

$$P_4 = \frac{1}{3} + \frac{2}{3}P_3$$

このくらいの連立方程式なら，解くのは朝めし前です．答は

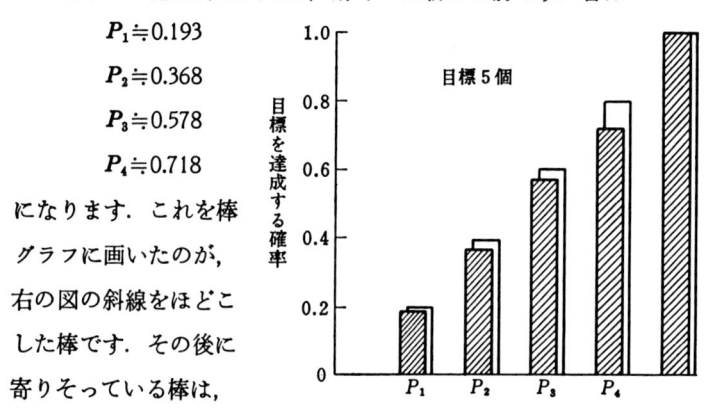

$P_1 \fallingdotseq 0.193$
$P_2 \fallingdotseq 0.368$
$P_3 \fallingdotseq 0.578$
$P_4 \fallingdotseq 0.718$

になります．これを棒グラフに画いたのが，右の図の斜線をほどこした棒です．その後に寄りそっている棒は，玉のはいる確率が 0.5 で，玉がはいったとき 2 個になって戻ってくるクラシックなパチンコの場合で，この章のはじめのほうで一般式として取り扱った基本型の場合です．

この図から見ると，クラシック・パチンコと比べて，現代のジャラジャラ・パチンコのほうが，期待値が同じであっても一見やや不利のように見えます．目標を達成する確率という限りにおいては，確かにそのとおりです．P_4 の状態のとき，クラシック・パチンコなら 1/2 の確率で目標に達してしまうのに，このパチンコでは 1/3 の確率でしか目標に到達せず，2/3 は後退してしまうのですから，P_4 がクラシック・パチンコより低くなるのは当然です．その代わり，P_4 にあるとき，玉がはいると目標に到達した上にさらに余分のへそくりが 1 個できるのですから，まあ，がまんしなければならないでしょう．

要するに，手っとり早くいえば，クラシック・パチンコでも，現代

のジャラジャラ・パチンコでも損得に関する傾向はほとんど同じなのです．そういう意味で，パチンコの利害得失を傾向として眺めるときには，252ページや255ページの図を，現代パチンコに応用してくださってさしつかえありません．たとえば，6→20の曲線の傾向から，600円の資本で 2,000円を目標としたときの，玉のはいる確率と破産の可能性との関係を評価してくださって結構です．ただし，目標達成の確率の絶対値は，6→20 を，600円→2,000円と見るときと，60円→200円と見るときとでは，少し異なってきます．

XIII. ダイス遊びの確率

ファイブ・ダイスの遊び方

　誰が考え出したのか知りませんが，サイコロは，偶然を作り出す最も簡単な手段の一つとして，長い間，人間の生活に無くてはならないものであったようです．サイコロを使った遊びも，古今東西を問わず，人間の生活の中に深く根を下ろしています．サイコロを使ったゲームは種類が多く，スゴロクのように他の手段と組み合わせてゲームを楽しむものもありますが，サイコロだけで行なうゲームも少なくありません．日本古来の丁半ばくちなどは，あまりひ・ん・のよいものではなかったようですが，ファイブ・ダイスのようにヨーロッパの貴族の間で普及したといわれるエレガントなものもあります．いずれにしろ，サイコロゲームは確率のかたまりみたいなもので，確率の勉強には欠かせないものです．

　この章はエレガント・ムードでファイブ・ダイスといきましょう．

ダイス (dice) はサイコロのことですから，ファイブ・ダイスは5個のサイコロを使ってゲームが行なわれます．準備するものは，5個のダイスと皮製のカップと，記録用の鉛筆と紙です．別に，皮製のカップでなくて，紙コップでもかまいませんし，場合によっては，カップを使わず，手づかみでダイスをふってもゲームはできますが，それでは貴族的なエレガント・ムードはでません．人数は何人でも遊べますが2～4人ぐらいがおもしろいようです．まず，全員が2個のダイスをふって，合計点が多い人から順序を決めます．さて，ゲーム開始です．

最初の人がダイスを5個ともカップに入れて，よく振り，ダイスを

ファイブ・ダイスの上り手

上り手	上り手の形	説明	点数
1上り	なるべくたくさん⚀を出す	たとえば，4上りを宣言して，⚃が4個出れば，16点になる．	1×?
2上り	なるべくたくさん⚁を出す		2×?
3上り	なるべくたくさん⚂を出す		3×?
4上り	なるべくたくさん⚃を出す		4×?
5上り	なるべくたくさん⚄を出す		5×?
6上り	なるべくたくさん⚅を出す		6×?
1・6上り	⚀ ⚀ ⚅ ⚅ ⚅	⚀と⚅だけで上がる．	25
スモール	⚀ ⚁ ⚂ ⚃ ⚄	⚀から⚄までを揃える．	30
ラージ	⚁ ⚂ ⚃ ⚄ ⚅	⚁から⚅までを揃える．	35
フル・ハウス	⚁ ⚁ ⚃ ⚃ ⚃	2個と3個に分けて目を揃える．場に出た目の数の合計に10点を加える（左の場合29点）．	?
フォア	⚁ ⚁ ⚁ ⚁ ⚄	同じ目を4個揃える．	40
オール	⚀ ⚀ ⚀ ⚀ ⚀	1回ふったときオールができていれば100点．	50 (100)

XIII ダイス遊びの確率

場にふり出します．その人は，出た目をよく見て，達成しようと決心した'上り手'を宣言します．'上り手'は，表のように12種類あります．宣言したら，その'上り手'に役に立つダイスはそのままにしておき，気に入らないダイスを再びカップに入れてふり出します．さらにもう一度同様に，気に入らないダイスをふり直します．3回ふって，'上り手'が達成されれば，その'上り手'の得点を自分の得点

点 数 表

	1 回 戦			2 回 戦		
	かずみ	ママ	パパ	かずみ	ママ	パパ
1 上 り		5				
2 上 り	10					
3 上 り			12	9		
4 上 り			12	16		
5 上 り		15		25		
6 上 り	24					
1・6上り			25			25
スモール		0				
ラージ	35			0		
フル・ハウス		31			0	
フォア	0					
オール		50			0	
合 計	69	101	49			

1回戦はママの勝ち．2回戦がいまやたけなわ

として記録します．宣言した'上り手'が達成できなければ0点です．

1人が終われば，つぎの人が同様にダイスを3回ふって得点を記録します．なお，必ずしも3回ふる必要はなく，2回でやめても，初回でやめてもさしつかえありません．一度，誰かが宣言をして試みた'上り手'はそのゲームが全部終了するまで，再び試みることは許されません．上り手が12種類ありますから，3人でゲームをすれば，1人あたり4種類の上り手を試みることになります．5人で遊ぶときには，2巡して，誰にも選ばれなかった2つの上り手は打切りにします．全員で，12種の上り手を1回ずつ試みたら，ゲームセットです．各人の得点を合計して，得点の多い人が勝利の快感に浸ります．

上り手の表で，上から6つの上り手は，ほぼ確実に何点かは貰えますが，大量得点はむずかしく，下の6つの上り手は，失敗すると0点になりますが，大量得点の期待が持てます．また，比較的得点をかせぎやすいのは6上りなので，1回めに振って出た5個のダイスの目が6上りにむかなくても，場合によっては，🎲が1つもなくても，6上りを試みて他人が6上りでかせぐのを妨害する，などという作戦も成りたち，けっこう，変化に富んだ楽しいゲームです．小さい子供さんから大人まで，誰でもすぐ覚えられますので，一家だんらんのひと時にどうぞ．

配り手の確率

さっそく，プレイ・ボール，いや，プレイ・ダイスといきましょう．まず，5つのサイコロ——この章では，エレガントにダイスと呼ぶことにします——5つのダイスを上等な皮製のカップに入れて，ころこ

XIII ダイス遊びの確率

ろとよく振り,らしゃ張りのテーブルの上へ振り出します.5つのダイスの目は,5つともばらばらなこともあり,2つか3つの同じ目が出ていることもあり,また,めったにないことですが,5つとも同じ目に揃っていることもあります.初回に振り出された5つのダイスの目は,トランプや花札の場合でいうならば,配り手に相当します.この配り手を土台にして,なるべく上等な上り手を作ろうとするのですから.

配り手には,どのような形のものが,どのくらいの確率で出現するかを,まず,調べてみたいと思います.5つのダイスの目でできる手の形には,つぎの7種が考えられます.

同じ目がない	たとえば ⚀⚁⚂⚄⚅	ゼロ
1組の同じ目を含む	たとえば ⚀⚀⚂⚄⚅	ワンペア
2組の同じ目を含む	たとえば ⚀⚀⚂⚃⚃	ツーペア
3つのダイスが同じ目	たとえば ⚀⚀⚀⚄⚅	スリー
2つと3つに分かれる	たとえば ⚀⚀⚄⚄⚄	フルハウス
4つのダイスが同じ目	たとえば ⚀⚀⚀⚀⚃	フォア
5つのダイスが同じ目	たとえば ⚀⚀⚀⚀⚀	オール

これらの配り手に,ポーカーの名前をもじって,右端に書いたようにワンペアとかフルハウスとかの名前をつけてみました.これらの配り手が出る確率を1つ1つ計算することにします.こういう確率の計算は,確率の計算練習にはもってこいです.クイズやパズルの好きな方——こういう方は,技術革新のはげしい現代の成長株なのだそうです——には,この先を読む前に,7つの配り手の確率を計算してごらんになることをおすすめします.娯楽編にはいってまで,計算をやらされてはたまらない,でしょうか.

$$\text{ゼロの確率} = \frac{5}{6} \cdot \frac{4}{6} \cdot \frac{3}{6} \cdot \frac{2}{6} \cdot \frac{1}{6} \cdot {}_6C_1 = \frac{120}{1296}$$

この式の意味はつぎのとおりです．まず，⚀の抜けたゼロが出る確率を考えます．5つのダイスを1つずつころがしていくとします．最初の1つは，⚀を除いた何が出ても役に立つので，その確率は5/6．つぎは，⚀と最初のダイスの目を除いた他の4種の目である必要があるので，その確率は4/6．3番めは，⚀と1番めと2番めのダイスの目を除いた他の3種の目である必要があるので，その確率は3/6．つぎのダイスは，同じような考え方で確率2/6を要求され，最後のダイスは1/6が要求されます．ここまでは，⚀が抜けたゼロすなわち，ファイブ・ダイスの用語で'ラージ'ができる確率です．ゼロは抜けている目が⚀～⚅のどれであっても成り立つので，最後に ${}_6C_1$ 倍して'ゼロ'の出る確率が求められます．

$$\text{ワンペアの確率} = \frac{1}{6} \cdot \frac{1}{6} \cdot \frac{5}{6} \cdot \frac{4}{6} \cdot \frac{3}{6} \cdot {}_5C_2 \cdot {}_6C_1 = \frac{600}{1296}$$

まず，⚀のワンペアが出る確率を考えます．5個のダイスの中，2個は⚀でなければならないので，1/6が2つ並びます．他の3つのダイスは，⚀であってはいけないし，また，3つの中に同じ目があってもいけません．さもないと，ツーペアとかスリーとかの他の配り手になってしまいます．したがって，ゼロのときの説明と同じ理由で2つの1/6以外の3つの分数は，5/6, 4/6, 3/6となります．これで，5個のダイスに相当する5つの分数が並んだのですが，このうち2つの1/6は，5つの位置のどこにあってもよいわけです．そして，その組合せは ${}_5C_2$ ありますから，それを掛け合わせます．ここまでで，⚀のワンペアが出る確率が計算されたので，最後に，${}_6C_1$ 倍して，ワンペアの確

率が求まりました.

$$\text{ツーペアの確率} = \frac{1}{6} \cdot \frac{1}{6} \cdot \frac{1}{6} \cdot \frac{1}{6} \cdot \frac{4}{6} \cdot {}_5C_2 \cdot {}_3C_2 \cdot {}_6C_2 = \frac{300}{1296}$$

だんだんとめんどうになってきました.まず,⊡⊡∷∷⊠という順序でツーペアの出る確率を考えます.1番めから4番めまでのダイスは,出なければならない目が1つだけ指定されているので,確率はおのおの 1/6 です.最後のダイスは,⊡と∷以外のどれでもよいので,その確率は 4/6 です.さて,2個の⊡は,5つの位置のどこに位置してもさしつかえないから,その組合せ ${}_5C_2$ を掛けます.ついで,⊡を除いた残りの3つの位置に2個の∷が配給されるので,その組合せ ${}_3C_2$ を掛けます.これで,⊡と∷とによるツーペアが出る確率が計算されましたが,ツーペアは,6種の目のうち,どの2種の目によっても作られますから,最後に ${}_6C_2$ を掛けて,ツーペアの確率が求められました.

$$\text{スリーの確率} = \frac{1}{6} \cdot \frac{1}{6} \cdot \frac{1}{6} \cdot \frac{5}{6} \cdot \frac{4}{6} \cdot {}_5C_3 \cdot {}_6C_1 = \frac{200}{1296}$$

これは簡単なので,ご説明する必要はないと思います.

$$\text{フルハウスの確率} = \frac{1}{6} \cdot \frac{1}{6} \cdot \frac{1}{6} \cdot \frac{1}{6} \cdot \frac{1}{6} \cdot {}_5C_3 \cdot {}_6C_2 \cdot 2 = \frac{50}{1296}$$

フルハウスという名前は,何に由来するのでしょうか.少し調べてみたのですがわかりませんでした.2種類の数字で家が満員だ,という感じかもしれません.名前もわかりにくいのですが,確率計算のほうも,ちょっと,紛らわしいところがあります.まず,⊡⊡⊡∷∷という順序でできるフルハウスの確率を考えてみます.全部のダイスが出るべき目を指定されているので 1/6 が5つ並びます.このうち,3つの⊡がどの位置にきてもフルハウスであることに変わりないので ${}_5C_3$

を掛けます。2つの⚀がどの位置にきてもさしつかえないという理由で、$_6C_2$を掛けてもかまいません。$_5C_3$と$_5C_2$とは同じですから。つぎに、フルハウスは6種の目のうち、どの2種の目の組合せでもできるので$_6C_2$を掛けます。さて、最後に2を掛けてあるのは何故だと思いますか。すらりとこれがわかるようなら、あなたは、ずい分、ち密な神経をお持ちのようです。私が、何人かの友人に、フルハウスのできる確率を計算させたところ、全員この2を抜かしました。そして、説明を聞いて、ナーンダ、といいました。コロンブスの卵です。2を掛ける理由は簡単です。今までの計算では⚀⚀⚀⚁⚁と⚁⚁⚁⚀⚀とを区別していないからです。

$$フォアの確率=\frac{1}{6}\cdot\frac{1}{6}\cdot\frac{1}{6}\cdot\frac{1}{6}\cdot\frac{5}{6}\cdot {}_6C_1\cdot {}_6C_1=\frac{25}{1296}$$

$$オールの確率=\frac{1}{6}\cdot\frac{1}{6}\cdot\frac{1}{6}\cdot\frac{1}{6}\cdot\frac{1}{6}\cdot {}_6C_1=\frac{1}{1296}$$

この2つはやさしいので、説明はいらないでしょう。

以上の結果を整理すると、表のようになります。ワンペアが圧倒的に多く、全体の半分近く占めているのに対して、手役のなんにもないゼロの出る確率が意外に小さいのが目を引きます。ゼロはなかなか稀少価値のある配り手で、ゼロなどという失礼な名前でなく、もっとはなばなしい名前を贈呈したいぐらいの感じです。

配り手	確　　率	
ワンペア	600/1296	46.3 %
ツーペア	300/1296	23.1 %
スリー	200/1296	15.4 %
ゼロ	120/1296	9.3 %
フルハウス	50/1296	3.9 %
フォア	25/1296	1.9 %
オール	1/1296	0.1 %
合　計	1296/1296	100.0 %

検算のおすすめ

ファイブ・ダイスの例のように,いくつかの組合せのからんだ確率計算をするときには,ぜひ,検算をすることをおすすめします.人間の頭脳は小さい割に実によく働くのですが,組合せのはいった確率計算では,勘違いをすることが少なくないからです.検算は,それまでの計算の考え方とはなるべく異なった方角からアプローチするのが望ましいでしょう.

確率計算の検算の第一歩は,できれば,起こりうるすべての場合の確率を計算して,それらの総和が1になるのを確認することです.ファイブ・ダイスの配り手の確率計算では,表に書いてあるように,起こりうる7つの場合の確率の総和が1になっています.これで,検算の第一歩は合格ですが,まだ,それだけでは十分ではありません.どれかの確率を,過大に計算してしまっていながら,他のどれかの確率を,ちょうどそれと見合うだけ小さく計算をしているために,総計が1になっているかもしれないからです.

そこで,もう一つだけ検算をやってみましょう.5個のダイスのうち,3個が⊡である確率は,二項分布の式から

$$_nC_r p^r (1-p)^{n-r} = {}_5C_3 \left(\frac{1}{6}\right)^3 \left(\frac{5}{6}\right)^2 = \frac{250}{7776}$$

したがって,5個のダイスのうち,3個が同じ目である確率は

$$\frac{250}{7776} \times 6 = \frac{250}{1296}$$

です.3個が同じ目だということは,残りの2個が同じ目なら'フルハウス'ですし,残りの2個の目が異なれば'スリー'であることを意味します.ですから,さっき計算したフルハウスとスリーの出る確

率を加えたものが，3個が同じ目である確率と等しくなければなりません．さいわいに

$$\text{スリーの確率}\left(\frac{200}{1296}\right) + \text{フルハウスの確率}\left(\frac{50}{1296}\right) = \frac{250}{1296}$$

となっています．この検算にもめでたく合格でした．

なお，3個のダイスの目が同じ場合についてみると，残りのダイスは2個ですが，この2個のダイスが同じ目である確率は1/5です．何故かというと，残りの2個のダイスは，3個のグループの目と同じであってはいけないので，おのおの5種の目の可能性があり，2個のダイスについては，目の出かたが25ケースあり，そのうち，5ケースが両方の目が等しいからです．こう考えれば，フルハウスの出る確率は

$$\frac{250}{1296} \times \frac{1}{5} = \frac{50}{1296}$$

となり，フルハウスの確率計算がまちがっていなかったことに確信がもてます．

上り手を作る確率

第1回めのふりで，つぎのようなワンペアの形になりました．

気に入らないダイスは，あと2回だけふることが許されています．どの上り手を選んだらよいでしょうか．競争相手の足をひっぱろうなどとケチなことを考えないで，すなおにつぎの5種類の上り手からもっとも利益の大きそうな手を選んでみてください．

オール

フォア

XIII ダイス遊びの確率

ラージ

スモール

1・6上り

　私達は，もう，これらの上り手が成功する確率も，その期待値も計算をすることができます．しかし，ファイブ・ダイスのプレイ中に，紙と鉛筆をもってきて計算をはじめたのでは，相手に失礼です．あなたが計算をしている間，相手はただ待っていなければなりません．それこそ，新聞をもってこい，です．紙と鉛筆がなくても，頭の中で期待値の大小を比較検討する能力こそ，ゲームの実力です．そういう意味で，配り手をぐっとにらんで，5つの上り手の期待値に順序をつけてみてください．時間は1分ぐらいとします．鉛筆と紙があっても，1分ではちょっと計算はできません．

　さて，計算をします．しかし，5つの上り手の計算を全部ご紹介する必要もないでしょうから，代表としてフォアができる確率だけにします．配り手のうち，⚀⚀は，せっかく2つ揃っているのですから，テーブルに残しておき，⚀⚂⚃をふり直して⚀に変え，⚀のフォアを

$$\frac{1}{6} \cdot \frac{1}{6} \cdot \frac{1}{6} = \frac{1}{216}$$

$${}_3C_1 \cdot \frac{1}{6} \cdot \frac{1}{6} \cdot \frac{5}{6} = \frac{15}{216}$$

$${}_3C_2 \cdot \frac{1}{6} \cdot \frac{5}{6} \cdot \frac{5}{6} = \frac{75}{216}$$

$$\frac{5}{6} \cdot \frac{5}{6} \cdot \frac{5}{6} = \frac{125}{216}$$

作りましょう．⚀⚀⚁をふり直したとき，つぎの状態への確率は前ページのとおりです．ここで，☒は⚀でないことを表わします．

⚀⚀⚀と⚀⚀☒とは，最後の1回のふりを試みるまでもなく，すでにフォアがめでたく完成です．⚀☒☒と☒☒☒とは，役にたたないダイスを，もう一度だけふり直すことが許されています．そして，⚀☒☒のときには

$$☒☒ \longrightarrow ⚀☒ \text{か} ⚀⚀$$

でフォアができますが，この確率は，2つのダイスのうち1個以上が⚀になる確率ですから

$$1-\frac{5}{6} \cdot \frac{5}{6} = \frac{11}{36}$$

となります．

ところで，最後の☒☒☒ですが，ここにちょっとした落し穴があります．なぜなら，☒☒☒の中には，⚀⚀⚀のように，3つとも同じ目である場合も含まれているからです．テーブルに残っている⚀⚀と合わせて，⚀⚀⚀⚀⚀の手からフォアを作るなら，3個の⚀をふり直して⚀が2つ出ることを期待するよりは，2個の⚀をふり直して⚀が1つ出ることを期待するほうが有利にきまっています．数字の運算にばかり気をとられて，こういうところを見落としてはいけません．確率計算ばかりでなく，数字を取り扱うときには，数字のしもべにならないよう，数字の表わしている意味の本質を見失わない注意がかんじんです．

125/216 の☒☒☒のうち，同じ目が3個揃っている確率は 5/216 ですから，そうでない場合は 120/216 です．☒☒☒をふり直して，テーブルの⚀⚀と合わせてフォアができる確率は

XIII ダイス遊びの確率

$$_3C_1\frac{1}{6}\cdot\frac{1}{6}\cdot\frac{5}{6}+\frac{1}{6}\cdot\frac{1}{6}\cdot\frac{1}{6}=\frac{16}{216}$$

▨▨▨ ———————————→ ⦁⦁▨か⦁⦁⦁

となります．最後に，▨▨▨がすべて同じ目であるために，⦁⦁のほうをふり直してフォアができる確率は 11/36 ですから，これらを総合して，⦁⦁⦁⦂⦂の配り手からフォアができる確率は

$$\frac{1}{216}+\frac{15}{216}+\frac{75}{216}\frac{11}{36}+\frac{120}{216}\frac{16}{216}+\frac{5}{216}\frac{11}{36}≒0.228$$

となります．

こういうようにして，同じ配り手をもとにして，5種類の上り手が成功する確率と，期待値とを計算すると，つぎのようになります．

上り手	成功の確率	利益	期待値
オール	0.029	50点	1.5点
フォア	0.228	40点	9.1点
ラージ	0.164	35点	5.7点
スモール	0.305	30点	9.1点
1・6上り	0.171	25点	4.3点

あなたの予想は，どのくらい当たっていたでしょうか．

XIV. トランプ占いの確率

時　　計

「山の淋しい湖に，ひとりきたのも悲しい心．……旅の心のつれづれに，ひとり占うトランプの……」．ミニスカートからひざ小ぞうが丸出しになろうとも，エレキにつれてはげしくお尻をふり回そうとも，いつの世も変わらぬは乙女心．トランプのひとり占いに，星の王子様のあわい夢をたくす少女の姿は昔も今も変わりません．いや，かれんな乙女ばかりではありません，中年のおやじでさえ，ときには，何かいいことないかな，とカードを並べてみて，うまくいくと，何かいいことが起こりそうないい気分になったりします．

トランプ占いには，いくつもの方法がありますが，その確率を計算してみようとしたところ，どれもこれもずい分むずかしい問題ばかりでした．だいたい，トランプの確率は，非復元抽出であることが多く，超幾何分布やその変形のものが多いので，サイコロと比べるとだ

XIV トランプ占いの確率

いぶたちが悪いようです．そこで，よく知られたひとり占いのうち，わりあいすなおに計算にのりそうな '時計' の確率をご紹介しましょう．

'時計' は，つぎのように遊びます．まず，1組52枚のトランプをよくきって，カードは裏のままで，時計の文字盤のように，4枚ずつの山を13作ります．さて，中央の山の一番下から1枚のカードを取り出してください．そのカードを表返して，A(エース)なら1時の位置に，2なら2時のところに，8なら8時のところに，J(ジャック)なら11時のところに乗せます．もし，K(キング)であれば中央の山の上に乗せてください．つぎには，いまカードを乗せた山の一番下から新しいカードを取り出します．そのカードも前と同じように，6だったら6時のところに，Q(クイーン)なら12時のところに乗せ，その山の下からつぎのカードを取り出します．つぎつぎと繰り返していくと，1時のところにはAが4枚，表が出て重なり，2時のところには2が4枚，3時の位置には3が4枚というように，全部のカードが表向きになって，それぞれふさわしい位置に重なるはずですが，どっこいそうはいきません．プレイの途中の状態をみると，手に1枚のカードを持っていて，1時から12時までの12の位置にはそれぞれ4枚ずつのカードが置いてありますが，Kの位置に相

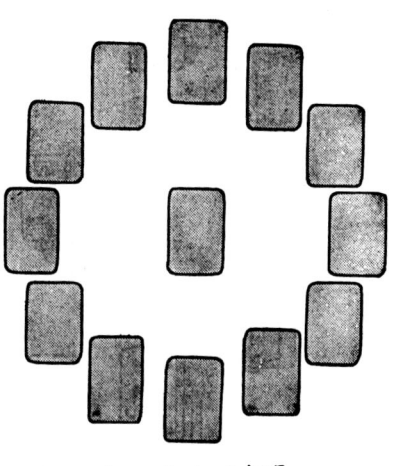

4枚ずつ，時計の文字盤のように並べる

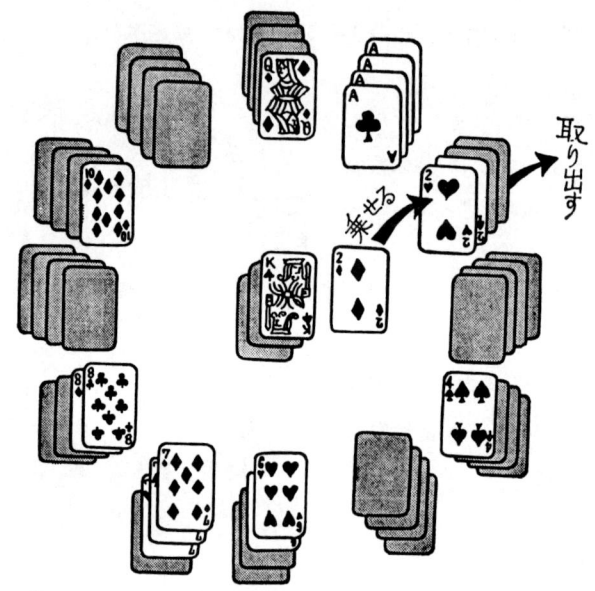

2が出たら2時の位置へ
そして、一番下からつぎのカードを

当する中央の山には3枚しかカードがありません．手のカードがどこかの山の上に置かれると，その山はその瞬間には5枚になっていますし，同じ数のカードは4枚しかありませんから，必ず一番下のカードを取り出すことができます．しかし，Kのカードが4枚ともあいてしまうと，中央の山には取り出すべきカードがなくなって，そこでプレイは詰まってしまうのです．ですから，Kが4枚とも出て，プレイが中止になってしまうまでに，他のカードがどれだけあけられるかが興

味の焦点です．

プレイが中止になったときの状態が，3，4，5時のあたりは全部のカードが表向きになっているのに，7，8時のあたりの成績が悪くて，1枚ぐらいしかあいていないと，今日の午後は何かいいことがありそうだし，よいのうちは，何か悪いことがありそうな気がするのが，おもしろいところです．

一歩下がって問題を眺める

この占いは，いくつもの確率の問題が含まれています．プレイが中止になるまでに，4枚とも表になってしまう山はいくつぐらいあるでしょうか．ある一つの山についてみればプレイが中止になるまでに，何枚のカードが表向きになるのがふつうでしょうか．いまから，これらの確率を計算してみます．

この占いの確率を計算するのは，かなりむずかしそうです．確率の計算そのものは，それほどむずかしくないのかもしれませんが，どこから手をつければよいのか，糸口がなかなかつかめません．最初の1枚は何でもありません．$\overset{エース}{A}$，2，3，……，10，J，Q，Kのどれでも1/13の確率で取り出されます．もし，そのカードがAであれば，1時の山の上に乗せられて，その山の一番下から新しいカードが取り出されますが，このカードの確率はちょっとめんどうです．Aである確率は3/51ですし，2，3，……，Q，Kのどれかである確率は4/51です．そのカードが2であったとすると，つぎは，Aと2とは3/50の確率で，また，3，……，Q，Kは4/50の確率で取り出されます．すべて条件付き確率ですし，その条件の組合せは1回の試行ごとにすさま

じい勢いで増えていき，このような思考過程で最後まで到達することは，神ならぬ身では不可能です．

こういう種類の問題は，一歩下がって別の観点から眺めるといい知恵が浮かびます．この占いは，たしかに，カードを取り出す手順についてはルールが決まっているので規則性があります．しかし，もともと52枚のカードはでたらめによく混ぜて配られているので，カードの配置には規則性がありません．したがって，取り出したほうに規則性があっても，カードはでたらめに取り出されると考えることができます．つまり，52枚のカードをでたらめに1枚ずつ表を向けていくのと，何ら変わりないのです．こう考えると，この占いの確率はつぎのように書き直すことができます．

52枚のカードから，でたらめに1枚ずつ取り出していくとします．Kが4枚とも取り出されてしまうまでに，4枚とも取り出されてしまう他の組は何組ぐらいでしょうか．また，たとえばAに注目してみると，Kが4枚とも取り出されてしまうまでに，Aが4枚とも取り出される確率はいくらでしょうか．また，Aがちょうど3枚，2枚，1枚だけ取り出される確率，さらには，Aが1枚も取り出されない確率はいくらでしょうか．

こうなると，それほどむずかしい問題ではなくなりました．超幾何分布の応用問題みたいなものです．ここで，超幾何分布の式をもう一度，思い出しておきましょう．○と×とで合計N個あります．そのうち○はk個です．N個の中からでたらめにn個を取り出したとき，そのn個の中に○がr個だけ含まれている確率$P(r)$は

$$P(r) = \frac{{}_kC_r \cdot {}_{N-k}C_{n-r}}{{}_NC_n}$$

XIV トランプ占いの確率

で表わされます.

'おめでとう'の確率

準備オッケイです.計算の第1歩は,52枚のカードからでたらめに1枚ずつのカードを取り出していくとき,ちょうどi枚めでKが4枚とも出てしまう確率を計算することです.'i枚め'という言い方がお気に召さないかもしれませんが,20枚めでも50枚めでもけっこうですから,お気に召す数字を入れて考えてみてください.ただし,カードは52枚しかありませんから,53枚めや60枚めを入れて考えると,どこかで考えられない式が現われるはずです.同じように,Kは4枚ありますから,iは3以下ではありえないはずです.

i枚めが偶然にKである確率は,i枚め以外のカードをいっさい考慮に入れなければ

$$\frac{1}{13}$$

です.そして,i枚め以前に3枚のKが出てしまっている確率は,つぎのようにして求められます.i枚めを除くと,51枚のカードのうち3枚がKです.この51枚から$i-1$枚を取り出したとき,その$i-1$枚の中にKが3枚含まれている確率ですから,超幾何分布の公式にどんぴしゃりです.すなわち

51枚のうち3枚はK

51枚から$i-1$枚を取り出したとき

$i-1$枚の中に3枚のKが含まれる確率

ですから,その確率は

$$\frac{{}_3C_3 \cdot {}_{51-3}C_{i-1-3}}{{}_{51}C_{i-1}} = \frac{{}_{48}C_{i-4}}{{}_{51}C_{i-1}}$$

です．したがって，i 枚めがKであり，かつ，それ以前に3枚のKが出てしまっている確率，いいかえると，ちょうど i 枚めで4枚のKが出てしまう確率 P_i は

$$P_i = \frac{1}{13} \cdot \frac{{}_{48}C_{i-4}}{{}_{51}C_{i-1}}$$

となります．基礎編でパスカルの三角形をご紹介しましたが，それは ${}_{16}C_i$ までで した．${}_{51}C_i$ などを計算するのは，51! が現われるので，人力ではとても無理なように思われます．しかし，この式は，やってみるとわかりますが，分子と分母の大部分が互いに消し合うので，人力でも簡単に計算できます．計算結果は，図のとおりです．

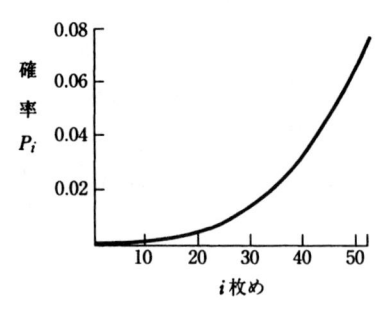

最後の1枚がKである確率は 1/13 です．このときは，1時から12時までの山はすべてきれいに表向きになっています．100点満点です．おめでとう，きっとよいことがあるでしょう．

52枚め，つまり最後のカードがKならば，他の3枚のKはそれ以前に出てしまっているはずです．一方，30枚めに最後のKが出るためには，その前の29枚の中に3枚のKがつめ込まれている必要があります．ですから，最後のKが52枚めに近づくほど，そういうことの起こる確率が大きいのは当然です．

計算の第2歩は，ちょうど i 枚めでKが4枚とも出てしまったとき，

XIV トランプ占いの確率

それ以前にAが4枚とも出てしまっている確率です．これも超幾何分布の問題です．ていねいに考えてみましょう．4枚のKを除いて，他の48枚のカードに着目します．48枚の中には4枚のAが含まれています．i 枚めより前のカードは $i-1$ 枚ありますが，この中には3枚のKがはいっていますので，i 枚より前のKでないカードの数は $i-4$ 枚です．すなわち

　　48枚のうち4枚はA

　　48枚から $i-4$ 枚を取り出したとき

　　$i-4$ 枚の中に4枚のAが含まれる確率

ですから，その確率は

$$\frac{{}_4C_4 \cdot {}_{48-4}C_{i-4-4}}{{}_{48}C_{i-4}} = \frac{{}_{44}C_{i-8}}{{}_{48}C_{i-4}}$$

です．したがって，ちょうど i 枚めに4枚めのKが出て，かつ，それ以前に4枚のAが出てしまっている確率は

$$\frac{1}{13} \cdot \frac{{}_{48}C_{i-4}}{{}_{51}C_{i-1}} \cdot \frac{{}_{44}C_{i-8}}{{}_{48}C_{i-4}}$$

となります．この式は，i が7以下では意味がありません．第3項の分子が「44からマイナスいくつかを取り出す組合せ」になってしまって何のことかわからなくなってしまいます．それもそのはず，7枚めにKの4枚めが現われ，それより前にAも4枚とも出てしまうことは，絶対に不可能です．

さて，「Kが4枚とも出てしまう前に，Aが4枚とも出てしまう確率」を計算するには，この式の i に8を代入した値，9を代入した値，10を代入した値，……，51を代入した値，52を代入した値，をそれぞれ計算して，この45個の値を全部たし合わせればよいはずです．

このように, i に8から52までの値を入れて計算し, それらを全部たし合わせることを, 数学の記号では

$$\sum_{i=8}^{52} \frac{1}{13} \frac{{}_{48}C_{i-4}}{{}_{51}C_{i-1}} \frac{{}_{44}C_{i-8}}{{}_{48}C_{i-4}}$$

と書いて表わします. これを計算してみますとちょうど 0.5 になります. すなわち, Kが4枚とも出てしまう前に, Aが4枚とも出てしまう確率 $P(4)$ は

$$P(4) = 0.5$$

なのです. 52枚のカードから, でたらめに1枚ずつ抜き出していくとき, 4枚のKが先に出てしまうか, それとも, 4枚のAが先に出てしまうかは, まったく五分五分ですから, Aのほうが先に出てしまう確率は 0.5 であるのはあたりまえのことです.

めでたさが中ぐらいの確率

計算の第3歩は, 4枚のKが出てしまう前に, Aがちょうど3枚だけ出されている確率の計算です. i 枚めに最後のKが出たとき, それ以前に3枚のAが出ている確率を計算するには, 前と同じように

48枚のうち4枚はA

48枚から $i-4$ 枚を取り出したとき

$i-4$ 枚の中に3枚のAが含まれる確率

を計算すればよいのですから

$$\frac{{}_{4}C_{3} \cdot {}_{48-4}C_{i-4-3}}{{}_{48}C_{i-4}} = 4 \cdot \frac{{}_{44}C_{i-7}}{{}_{48}C_{i-4}}$$

となります. したがって, 最後のKが i 枚めに出て, かつ, その前にAが3枚出ている確率は

XIV トランプ占いの確率

$$\frac{1}{13} \cdot \frac{{}_{48}C_{i-4}}{{}_{51}C_{i-1}} \cdot 4 \cdot \frac{{}_{44}C_{i-7}}{{}_{48}C_{i-4}}$$

で表わされます．i は6以下にはなりません．Kが4枚とAが3枚でどうしても7枚のカードが必要だからです．また，i は52にはなりません．最後のKが52枚めに出るということは，その前にAが必ず全部出てしまっていることを意味するからです．

「Kが4枚とも出てしまう前に，Aがちょうど3枚だけ出る確率 $P(3)$」は，この式の i に，7から51までを代入して，それらの45個の値を全部たし合わせれば，求めることができます．これを計算してみると

$$P(3) = \sum_{i=7}^{51} \frac{4}{13} \frac{{}_{48}C_{i-4}}{{}_{51}C_{i-1}} \frac{{}_{44}C_{i-7}}{{}_{48}C_{i-4}} \fallingdotseq 0.286$$

になりました．

同じような考え方で，Kが出つくすまでに，Aがちょうど2枚だけ出る確率 $P(2)$，Aがちょうど1枚だけ出る確率 $P(1)$，Aが1枚も出ない確率 $P(0)$ を計算したところ

$P(2) = 0.143$

$P(1) = 0.057$

$P(0) = 0.014$

となりました．

いままでの計算結果を整理してみると，つぎのようになります．

Kが4枚とも出てしまう前に

Aが4枚とも出る確率　　0.500

Aが3枚出る確率　　　　0.286

Aが2枚出る確率　　　　0.143

Aが1枚出る確率　　　0.057

Aが1枚も出ない確率　0.014

この確率はAについてだけでなく，2についても，3についても，そのほかのどの数についても同じことです．

変なことに気がつきませんか．1つの山があいてしまう確率が 0.5 なら，1時から12時までのすべての山が完全にあいてしまう確率は

$$(0.5)^{12}$$

であるはずです．さっきは，全部の山があいてしまって，おめでとうという確率は1/13だということでした．どちらがう̇そ̇なのでしょうか．

答はこうです．1時の山があいてしまう確率は，ほかの山がどういう状態であるかの条件を考慮しなければ，たしかに 0.5 なのですが，たとえば，2時の山が全部あいてしまっているとか，2枚しかあいていないとかの条件を指定してやると 0.5 ではなくなります．ということは，1時から12時までの山についての確率は，それぞれ独立ではないということです．ですから，単純に

$$(0.5)^{12}$$

としたほうがまちがいなのです．

この辺の事情は，たとえば，A，B，Cの3人を並べたときのことを考えてみるとよくわかります．A，B，Cの3人の並び方は

　　A　B　C

　　A　C　B

　　B　A　C

　　B　C　A

　　C　A　B

　　C　B　A

の6とおりです．BがAの前にある確率は 1/2, CがAの前にある確率も 1/2, それなのに，BもCもAの前にある確率は 1/4 ではなくて 1/3 です．それは，BがAの前にある確率と，CがAの前にある確率とは独立ではなく

　BがAの前にある確率は 1/2

　BがAの前にあるとき，CもAの前にある確率は 2/3

であるからです．ちょっと，ひっかけられそうな問題です．

XV. ブリッジの確率

ブリッジの遊び方

 ブリッジといっても,川の橋や電気の回路のことではありません.世界中で——とくに,上流社会で——最もポピュラーなトランプ遊びの名前です.4700万人のブリッジ・プレーヤーをもつアメリカを筆頭にイタリア,イギリス,フランス,北欧3国などで非常によく普及しており,スポーツにおけるサッカーに匹敵するといわれるくらいです.日本では,まだ,あまり一般的だとは申せませんが,大学その他の研究室や,会社の設計室などではときどきみかけるゲームです.私もブリッジマニヤの一人で,一時は大岡山の駅前にある AJIOKA(あじおか)というかん板が,エース,ジャック,10,キング,エースに見えてしょうがなかったものです.実力のほうはたいしたことはないらしく,日本コントラクト・ブリッジ連盟の競技会等でも,ほとんどめぼしい実績はありません.世界中の多くの国が参加してブリッジの世界

XV ブリッジの確率

選手権試合があり,かつては,イタリアが連覇を誇っていた時代もありましたが,いまではアメリカなども力をつけ,やや混戦状態です.それにしても,日本がなかなか上位に喰い込めないのが残念です.

ご存じでない方のために,簡単にルールを説明しましょう.プレーは4人でテーブルを囲んで行ないます.向いあった2人どうしが常に味方ですからテニスのダブルスのように,ペアで試合をするわけです.親はカードを13枚ずつ全員に配ります.各人は,自分に配られたカードをみて,どのスーツ(♠とか♡とかの種類をスーツといいます)を切り札にして何組とることができるかを目算します.とるというのは,つぎのようなことです.——某君が1枚の札をうち出し,つぎにその左の人が,つぎには,さらに左の人が,という順序で4人が1枚ずつのカードを出します.某君が出したのと同じスーツのカードで一番強いカードを出した人がその4枚(これを1組といいます)をとることができます.カードの強さは,A,K,Q,J,10,……3,2の順です.もし,某君の出したカードと同じスーツが手にないときには,切り札を出すことができ,切り札の強さは他のスーツに優先しますので,その組をとることができます.組をとった人が,つぎのカードをうち出します.——さて,配られた13枚の札をみて,どのスーツを切り札にして,何組とることができるかを目算して決心がついたら,親から順にそれを宣言します.互いに,味方と敵の宣言を聞きながら,味方と敵の手の内を推察して,かく得する目標の組数をせり上げていくのです.組数は多いほうがプレイをする権利をかく得できますが,同じ組数ならノートランプ,♠,♡,◊,♣の順序で優先します.ノートランプというのは,切り札を決めないで,プレイをするということです.トランプというのは,もともとは,切り札のことです

から.

せりが終わって、プレイをする人が決まったら、そのパートナーは、13枚の持ち札を全部、机の上にさらして、プレイヤーの奮戦ぶりをじっと見守る役にまわります。プレイヤーは自分の持ち札と、机の上の札とをよく見ながらプレイをすすめます。机の上の札も、プレイヤーの管理下におかれ、プレイヤーの判断でどの札を出すかがきめられるのです。うまく、目標の組数をとることができれば得点をもらえますし、不運にして目標額に到達できなければ敵方に得点が記録されます。新しいトランプのつつみをほどくと、中に細かい点数の書いたカードがはいっていることがあるのをご存知の方も多いと思いますが、あれが、ブリッジの得点のつけ方です。ブリッジの遊び方をお教えするのが、この本の目的ではありませんので、それは他の本にゆずることにして、このようなプレイの最中にしょっ中、現われてくる二、三の問題を確率的にとらえてみましょう。

は　さ　み

いま、南がプレイをしているとします。あるスーツのAとQとを持っていて、この両方でおのおの1組ずつ取りたいのです。Aをうち出せばその1組は確実に取れます。そのときKを持っている東か西はKを出してむざむざAのえじきになるようなバカなまねはしないで、手持ちのそのスーツの札の中、最も弱い雑札

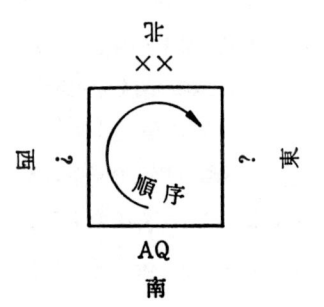

(雑札を図では×で書きます)を出すでしょう．南がその次にQを出せば，今度は，東か西かはKを出してQを喰ってしまうに違いありません．ですから，南がこのようにプレイすれば，AとQを使っても，Aで1組とれるだけで，Qのほうでは1組をとることができません．

では，どうしたら，Qで1組とることができるでしょうか．それには，まず，北からカードをうち出す順序になるようにしくむのです．北の他のスーツに確実に組をとれる強いカードがあれば，そのスーツをうって，北のカードでとれば，つぎは，北からカードをうち出す順番になります．北から×をうち出し，東がKを出せば南はAを出してKを喰って1組をとり，つぎにQを出せば，それで，もう1組とれるという段どりになります．北から×をうち出したとき，東がKを出さなければ，南はQを出します．もし，東がKを持っているならば，南はこのQで1組をとることができます．南のAは確実に1組をとれますから，南はAとQとでつごう2組をとることができることになります．

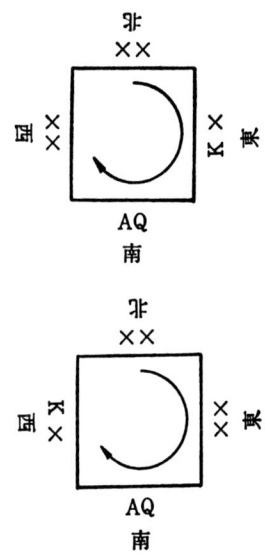

このようなプレイのしかたを，「Kをはさんだ」といっています．もし，Kが，東にはなく，西にあるときには，南がQを出したとき，西にKでとられてしまいますから，南はAで1組をとるだけに終わってしまいます．ですから，このような「はさみ」を試みたとき，それが成功するか否かは，Kが東にあるか西にあるかによって決まりますので，成功の確率は50％です．それでも，南がまずAをとり，つぎに

Qをうち出して2組をとれる確率は、一般に非常に小さいので、はさんだほうが得な場合が多いのです。

10枚カードのK抜けは、はさめ

南がAをとり、つぎにQをうち出して2組をとれる確率は、一般に非常に小さい、と書きましたが、2組ともとれるのはどんな場合でしょうか。それは、Kを持っている東か西かが、そのスーツはKが1枚しかなくて、南の出したAにつき合わせる×がない場合です。南のAでいやおうなしにKが殺されてしまうので、自動的に南のQが最も強いカードにのし上がるわけです。ということは、敵方にあるそのスーツの枚数が少なければ少ないほど、そういうことが起こりやすいと考えられます。

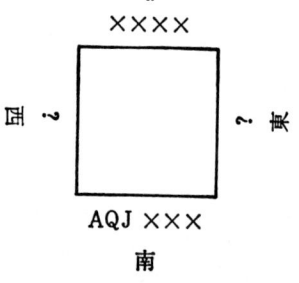

一例として、あるスーツのうち味方に10枚あり、敵にはKを含めて3枚しかないとき、Kがおともなしの単騎でいる確率がどれだけあるかを計算してみましょう。

トランプの確率は、たいていの場合、前の章のように超幾何分布の式が利用できます。しかし、この章では、確率計算の思考過程をより深く理解していただくために超幾何分布の公式を使わないで、こつこつと地道に計算をしてみることにします。

```
        北
      ××××
  西 ?         ? 東
      AQJ×××
        南
```

西	東
	K××
×	K×
K	××
K×	×
××	K
K××	

敵方の3枚のカードの分かれ方は，前ページの表の6とおりです．

まず，敵方にある26枚のカードのうち，いま問題としているスーツの3枚のカードが，3枚とも東にある確率は

$$\frac{13}{26} \times \frac{12}{25} \times \frac{11}{24} = \frac{11}{100}$$

です．わかりにくい方は，つぎのように考えてみてください．図のように，26の穴が13ずつ東と西にわかれています．この穴は玉が1つしかはいりません．でたらめに，3つの玉をこの穴へ入れたとき，3つとも東にはいる確率はいくらあるでしょうか．最初の玉が東の穴にはいる確率はもちろん13/26です．2番目の玉が東の穴に落ちる確率は12/25, 3番目の玉が東の穴にはいる確率は11/24ですから，3つとも東にはいる確率は，それらを掛け合わせた11/100です．同じように，3枚のカードが3枚とも西にある確率も，11/100であることがわかります．

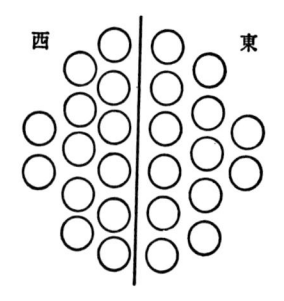

つぎに，3枚のカードが東に2枚，西に1枚ある確率を計算します．3つの玉の場合で考えれば，東に2つ，西に1つ玉の落ちる順序は

 東 東 西

 東 西 東

 西 東 東

の3とおりで，確率はそれらの総計ですから

$$\frac{13}{26} \cdot \frac{12}{25} \cdot \frac{13}{24} + \frac{13}{26} \cdot \frac{13}{25} \cdot \frac{12}{24} + \frac{13}{26} \cdot \frac{13}{25} \cdot \frac{12}{24} = \frac{39}{100}$$

がその答です。この確率の内訳は、左の表のとおりであることはすぐわかります。東に1枚、西に2枚の場合もまったく同じように考えることができます。

西	東	確率
×	× K	13%
×	K ×	13%
K	× ×	13%

これらの確率を整理してみるとつぎのようになりました。

西	東	確率	頭からとって成功	はさんで成功
	K × ×	11%		11%
×	K ×	26%		26%
K	× ×	13%	13%	
K ×	×	26%		
× ×	K	13%	13%	13%
K × ×		11%		
計		100%	26%	50%

このうち、南がAからとりはじめて(頭からとる、と言います。)成功する確率は26%しかありません。はさめば50%は成功するのですからはさんだほうが得なことがわかりました。もっとも、東にK××とあるときには、もう一度北からカードをうち出すように細工をして、2回はさまないといけないのですが。

9枚カードは頭から

どんなゲームにも、定石を言い表わす格言があります。「桂馬の高飛び歩のえじき」、「のぞきにつがぬバカはなし」など、みんなそうですが、ブリッジにも「9枚カードは頭から」という定石があります。そ

れは，あるスーツのカードが味方に9枚あってQが抜けており，敵方には，Qを含めて4枚のカードがある場合の定石です．このときには，Qをはさむよりも，A，Kと頭からとっていくほうが，Qを殺せる確率が多いのです．確率の計算はちょっと手がかかりますが，前に述べた，10枚カードのK抜け，のときとまったく同じ考えで計算できます．計算結果はつぎのとおりです．

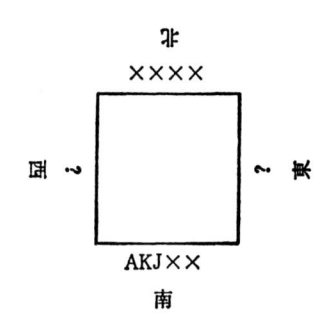

```
         北
        ××××

   西 ?        東 ?

        AKJ××
         南
```

西	東	確　　率	頭からとって成功
	Q × × ×	110/2300	
×	Q × ×	429/2300	
Q	× × ×	143/2300	143/2300
× ×	Q ×	468/2300	468/2300
Q ×	× ×	468/2300	468/2300
× × ×	Q	143/2300	143/2300
Q × ×	×	429/2300	
Q × × ×		110/2300	
	計	2300/2300	1222/2300

　頭からとっていってQを殺せる確率は1222/2300，すなわち，53%強あるのですから，成功率が50%であるはさみをするより有利なかんじょうになります．しかし実戦の場合には，敵の宣言の内容やプレイの経過からみて，Qが東にあるらしいと推察できることもありますので，そのようなときには，はさむほうが有利であることはもちろんです．

か̇ら̇す̇がくる確率

ブリッジを楽しんでいると，時として，見事に情けない手が配られてくることがあるものです．絵札（もちろんエースも含みます）が1枚もない手です．この手をヤーバラというのだそうですが，私達は，花札の用語を拝借してか̇ら̇す̇と呼んでいます．このような手がくる確率はどのくらいあるでしょうか．計算は簡単です．52枚のカードのうち，からす要員のカードは36枚あります．したがって，あなたの手元に配られてくるカードが連続して13枚ともからす要員である確率は

$$\frac{36}{52} \cdot \frac{35}{51} \cdot \frac{34}{50} \cdot \frac{33}{49} \cdot \frac{32}{48} \cdot \frac{31}{47} \cdot \frac{30}{46} \cdot$$

$$\frac{29}{45} \cdot \frac{28}{44} \cdot \frac{27}{43} \cdot \frac{26}{42} \cdot \frac{25}{41} \cdot \frac{24}{40} \fallingdotseq 0.0036 = 0.36\%$$

となり，か̇ら̇す̇は約300回に1度ぐらいでしか来ないはずになります．それにしては，私はどうもか̇ら̇す̇に好かれすぎているようだ，私はついていないのだ，とお思いなら，あなたは悪いことばかりが記憶に残るご不幸な方ではないかと反省してみる必要があります．

4-4-3-2	1/5	5-4-4-0	1/80
5-3-3-2	1/6	5-5-3-0	1/111
5-4-3-1	1/8	6-5-1-1	1/119
5-4-2-2	1/10	6-5-2-0	1/155
4-3-3-3	1/10	7-2-2-2	1/192
6-3-2-2	1/18	7-4-1-1	1/254
6-4-2-1	1/21	7-4-2-0	1/276
6-3-3-1	1/29	7-3-3-0	1/374
5-5-2-1	1/32	8-2-2-1	1/520
4-4-4-1	1/33	8-3-1-1	1/851
7-3-2-1	1/53		
6-4-3-0	1/76	以下省略	

少し専門的になりますが，13枚のあなたのカードが，4つのスーツにどのように配分されるかを計算したのが左の表です．この表には書いてありませんが，13枚の配り手が全部同じス

XV　ブリッジの確率

ーツである確率は，何と 158,753,389,900 分の 1 です．この数字は

$$\frac{13}{52} \cdot \frac{12}{51} \cdot \frac{11}{50} \cdot \cdots\cdots \cdot \frac{3}{42} \cdot \frac{2}{41} \cdot \frac{1}{40} \times 4$$

を計算すれば求められます．ご用とお急ぎのない方と，よろず疑い深い方は，みずから確かめてみてください．

XVI. 競馬の確率

たちの悪い確率

　長い間，お付合いをしていただきましたが，いよいよ最後の章になりました．娯楽編は蛇足かな，と思いながらも，話を続けてきたのには，実は，こんたんがあったのです．

　私達の身の回りに現われる確率の問題には，いろいろなスタイルがあります．その代表的なものを選んで娯楽編の中にアレンジし，娯楽の名をかたって，確率計算の演習を押し売りしようとたくらんだのです．

　私達の身の回りに現われる確率の中で，もっとも純粋な先験的確率はサイコロやトランプのたぐいです．なにしろ，これらの小道具は，純粋な偶然を作り出すことを目的にして，わざわざ作られたものなのですから．ですから，サイコロやトランプの問題は，たいていは，ちゃんと数学で解き明かすことができ，その計算結果は，確実に実戦

XVI 競馬の確率

に役に立ちます．もっとも，サイコロとトランプとでは，性格的にかなりはっきりとした差があります．サイコロが，いわゆるベルヌーイの試行であって，どの目が出るかは毎回まったく独立な事象であるのに対して，トランプのほうは，1枚めは別としても，2枚め以降の事象はすべて条件付き確率として考えなければなりません．そのため，一般に，サイコロのほうが計算が簡単です．

また，パチンコのような遊びでは，その確率が先験的確率ではありません．しかし，1回1回のパチンコについてではなく，日本中のパチンコが，という大まかな見方をすると，パチンコ屋が繁栄し，しかもお客のほうもあきもせずに集まってくるという条件から，ある程度はパチンコの確率の物語りを考えることができます．

これに反して，この章で取り扱おうとしている競馬の確率は，確率の物語りにうまくのせるには，まったくたちの悪い代表です．しかし，やはり競馬の確率についても，ひとこと言わなければ私の立場がありません．なぜなら，競馬はかけの対象です．その証拠に，もし馬券を売らずに馬の走りくらべを見せるだけなら，きっと競馬の人気は持続できないでしょう．現に，私の弟などは，ふらちなことに，競馬場へも行かずに，その辺で馬券だけ買ってきてかけを楽しんでいます．かけの対象であるなら，必ず偶然性があるはずです．そして，偶然には確率で対抗しようというのが，私の主張であったからです．

競馬の確率についてひとこと言わしていただく前に，馬券のルールをご説明します．馬券の種類は，つぎの4種類が基本です．

〔単勝式〕　1着の馬を当てる
〔複勝式〕　指名した馬が3着までにはいれば当り
〔連勝複式〕　指名した2頭の馬が1着と2着を占めれば当り

〔ワイド〕 指名した2頭の馬が共に3着までにはいれば当り

なお,馬の数が8頭より多い場合には,8つの枠に分割して賭の対象とすることも多いのですが,ここでは省略します.

また,馬券の値段には,200円,500円,1000円のものもありますが,この章で馬券1枚あたりの期待値と書くときには,100円券のものに統一します.200円券ならその2倍,500円券ならその5倍として読んでください.

なお,当たった馬券に対する賞金の配当は,売上金の75%が当り券に公平に配当されるものと考えます.実際は,高い配当のときには配当率がやや悪く,低い配当のときには,やや率が良くなるようになっているようですが.

単純に考えると

競馬のおもしろさは,か̇け̇が運まかせではなく,過去のデータや,馬の人気のあるなしなどで,ある程度は勝ち馬を推理することができるところにあるようです.レースの勝ち負けは,偶然だけで決まるのではなく,馬の実力やその日のコンディションや,騎手やグランドの状態などのいろいろな条件が影響し,その条件を的確に判断して推理に加えることによって,勝ち馬を当てる確率をふやすことができます.確率屋からみると,そこがまったくいやらしいところです.このいやらしさは2つの姿で現われてきます.1つは,馬によって勝つ確率が異なることです.もう1つは,馬の人気に差があり,馬券の売上げが同じでないことです.

もし,勝つ確率がどの馬も同じであり,またどの馬の馬券の売上げ

XVI 競馬の確率

も均等であるならば，確率計算はまったく簡単です．出走馬が8頭の場合を例にして整理すると，つぎのとおりです．

馬券の種類	当たる確率	配当額	期待値
単勝式	1/8	600円	75円
複勝式	3/8	200円	75円
連勝複式	1/28	2100円	75円
ワイド	3/28	700円	75円

配当額はつぎのようにして求まります．そのレースで100円券がN枚売れているとすると，総売上額は

$100N$ 円

です．N枚のうち，当選券の枚数は，当たる確率をpとすると

Np

が平均ですから，総売上げの75%をNp枚に配当すれば，1枚あたりの配当額は

$$\frac{100N \times 0.75}{Np} = \frac{75}{p} 円$$

というかんじょうになります．

複勝式は「細く長く」というタイプの方に，連勝複式は「太く短かく」という方に適しています．いずれにしろ，100円投資して期待値は75円ですから，宝くじの場合と同じように，夢を買う，あるいは，レースを楽しむということに価値を見出していただかないと，採算はとれないのがふつうです．

4番人気の馬がたのしみ

さて，実際の競馬の確率は，こんな簡単なわけにはいきません．手

元にある188レースの資料から，おおざっぱに調べてみたところ，単勝式ではつぎのような数字が出ました．

	優勝の確率	配当額の平均	期待値
1番人気の馬	0.35	221円	77円
2番人気の馬	0.17	362円	60円
3番人気の馬	0.12	563円	68円
4番人気の馬	0.11	837円	92円

競馬場の馬券売場にはトータライザという標示板があって，馬ごとに何枚の券が売れているかを発表していますが，最終的に1番たくさんの券が売れた馬を1番人気の馬といっています．優勝する確率が多い馬には人気が集まるので，券の売上げも多く，優勝する確率は多いのですが，配当は比較的少なく，そのため期待値はそれほど多くはありません．むしろ，4番人気の馬のほうがやや有利なようです．

ある人が調べたところによると，つぎのような結果がでています．特別人気の馬というのは，1番人気の中でも圧倒的に人気があり，馬券の半分以上を独占してしまった馬のことです．

	優勝の確率	2等になる確率
特別人気の馬	0.65	0.18
1番人気の馬	0.39	0.20
2番人気の馬	0.22	0.26

また，ある年の16日間に行なわれた188レースを調べたところ連勝複式の当選回数の内訳は表のようになりました．こうしてみると，やはり当選するためには，1番人気の馬と2番人気の馬を無視することはできないようです．とくに連勝複式では，1着と2着のどちらにも

XVI 競馬の確率

馬の組合せ	当り回数	当り回数の割合
1-2	34	18.1%
1-3	21	11.2%
1-4	16	8.5%
2-3	12	6.4%
1-5	10	5.3%
2-4	9	4.8%
3-7	7	3.7%
2-5	6	3.2%
4-5	5	2.7%
1-8	5	2.7%
5-6	5	2.7%
1-6	4	2.1%
1-7	4	2.1%
3-6	4	2.1%
3-8	4	2.1%
2-6	3	1.6%
2-7	3	1.6%
4-6	3	1.6%
以下省略		

1番人気の馬と2番人気の馬とが顔を出さない確率は約35%にすぎません．その35%ほどの確率が，3番人気以下のたくさんの組合せに細分されるのですから，3番人気以下の組合せで連勝の馬券を買うのは，当たればでっかいかもしれませんが，当たる確率はきわめて小さいといえます．しかし，それなら1番人気と2番人気の馬とを組み合わせた連勝複式の券を買えば当りは固いかというと，そうともいえません．表の実績では，たかだか18%です．だいいち，50%以上も当たる確率があるような固いレースばかりでは，当たったところで配当は投資額をわずかに上回る程度で，か̇け̇としてのおもしろさがありません．適当に当たらないところに競馬のおもしろさがあるわけです．

なお，連勝複式で，1番人気の馬を含むすべての組合せの券を1枚

ずつ買うことにしてみると，この188レースの実績では期待値は63.8円と意外に低く，一方，4番人気の馬を含む組合せを1枚ずつ買うとすると，期待値は91.2円ということになりました．どうも，1番人気の馬より，4番人気の馬をねらったほうが，わりが良さそうです．

ところで，いままでにいくつかあげた確率のデータは，実際問題としてどのくらい役に立つのでしょうか．ぜんぜん役に立たないことはないようです．1番より4番人気の馬をねらったほうがおもしろそうだ，ということぐらいは，自信たっぷりとまではいかないまでも，一応はおすすめできる結論だろうと思います．しかし，やっかいなことに，ここで取り扱った確率は，すべて経験的確率です．しかも，その確率はちょっとした情勢の変化で簡単に変化します．早い話が，4番人気の馬を買うのが得だ，という噂が広まれば，4番人気の馬の票数が増えて，1番人気との差がなくなり，有利な期待値が望めなくなるかもしれません．ですから，過去の実績だけをもとにして，将来の勝敗を予想することには，疑問があります．

「1番人気の馬が優勝する確率が35%」という表現も本当は，もう少し気のきいた表わし方がありそうです．人気の半分以上を独占するような馬は65%も優勝することがわかっているのですし，同じ1番人気でも，その人気の程度によって優勝の確率に大小があると考えられます．人気の程度につれて優勝の確率はどのように変化するのでしょうか．また，人気の程度と確率の大小とは，どのくらい強い結びつきがあるのでしょうか．この辺の事情は，統計という分野の考え方を利用すると，もう少しきめの細かい正確な表現が可能です．

競馬のような経験的確率を相手に，ぞんぶんな分析をして，その結論を有効に使うには，統計学という武器がぜひ必要です．この本で学

XVI 競馬の確率

経験的確率には"統計"を！

んでいただいた確率の知識を基礎にして，つぎは'統計'に挑戦されるようおすすめして，全巻の終りといたします．

付　　　録

$n!$ の計算法

$n!$ は，n が 10〜20 ぐらいまでは，何とかがまんして，かけ算をする気にもなりますが，n がもっと大きくなると，とてもじゃないけど，まともに計算はできません．そのときには

$$n! \fallingdotseq \sqrt{2\pi}\ n^{n+1/2}\ e^{-n}$$

という近似式を使ってください．これをスターリングの公式といいます．

ポアソン分布の式の誘導

二項分布の式から $n \to \infty$ としてポアソン分布の式を導いてみます．

$$P(r) = {}_nC_r\ p^r\ q^{n-r} = \frac{n!}{r!(n-r)!} \cdot p^r\ q^n\ q^{-r}$$

$$= \frac{n(n-1)\cdots(n-r+1)}{r!} p^r (1-p)^{-r} (1-p)^n$$

ここで，$p = m/n$ とおくと

$$= \frac{n(n-1)\cdots(n-r+1)}{r!} \frac{m^r}{n^r} \left(1 - \frac{m}{n}\right)^{-r} \left(1 - \frac{m}{n}\right)^n$$

$$= \underbrace{\frac{m^r}{r!}}_{①} \underbrace{\frac{n(n-1)\cdots(n-r+1)}{n^r}}_{②} \underbrace{\left(1-\frac{m}{n}\right)^{-r}}_{③} \underbrace{\left(1-\frac{m}{n}\right)^n}_{④}$$

ここで，$n \to \infty$ としてみます．

①は，n に関係ないので，そのまま変わりません．

②$= \dfrac{n}{n} \cdot \dfrac{n-1}{n} \cdot \dfrac{n-2}{n} \cdots \dfrac{n-r+1}{n} = 1 \cdot \left(1-\dfrac{1}{n}\right)\left(1-\dfrac{2}{n}\right)\cdots\left(1-\dfrac{r-1}{n}\right)$

なので，$n\to\infty$ で②$\to 1$ です．

③は，$n\to\infty$ で1になります．

④は，$m/n=p<1$ ですから，$n\to\infty$ で e^{-m} になります（これは e の定義で，数学上の約束ごとです）．

したがって，$n\to\infty$ とすると

$$P(r) = \dfrac{m^r e^{-m}}{r!}$$

が得られました．

超幾何分布の式の誘導

超幾何分布の式の誘導です．少々，長い式が出てきますが，本質的には何もむずかしいことはありませんから，たんねんにたどってみてください．頭の体操に手ごろな問題です．

最初 N 個 $\begin{cases} ○ が k 個 \\ \times が N-k 個 \end{cases}$

であったとします．N 個の中から n 個を取り出したとき，その中の r 個が○であるような確率を考えてみます．その一つの組合せを

$$\underbrace{○ \times \times ○ ○ \cdots\cdots \times ○ \times \times}_{n 個}\ \overset{r 個}{\downarrow}$$

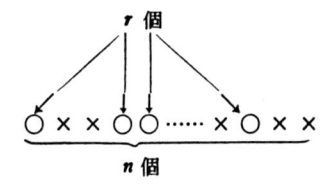

とすると，まず一番めが○である確率は

$$\dfrac{k}{N}$$

そのつぎが×である確率は

$$\frac{N-k}{N-1}$$

そのつぎが，また×である確率は

$$\frac{N-k-1}{N-2}$$

そのつぎが，○である確率は

$$\frac{k-1}{N-3}$$

そのつぎが，○である確率は

$$\frac{k-2}{N-4}$$

要するに，○××○○までが起こる確率は

$$\frac{k}{N} \cdot \frac{N-k}{N-1} \cdot \frac{N-k-1}{N-2} \cdot \frac{k-1}{N-3} \cdot \frac{k-2}{N-4}$$

です．分子の順序を入れかえて，○は○どうし，×は×どうしが並ぶようにすると

$$\frac{k(k-1)(k-2) \times (N-k)(N-k-1)}{N(N-1)(N-2)(N-3)(N-4)}$$

になっています．このようにして，○は r 個抜き出されるまで続きますので，○に関する分子は

$$\underbrace{k(k-1)(k-2)\cdots\cdots(k-r+1)}_{r \text{ 項}}$$

となり，一方，×は $n-r$ 個抜き出されるまで続きますので，×に関する分子は

$$\underbrace{(N-k)(N-k-1)(N-k-2)\cdots\cdots(N-k-n+r+1)}_{n-r \text{ 項}}$$

となります．分母のほうは，○と×の両方を担当して

$$\underbrace{N(N-1)(N-2)\cdots\cdots(N-n+1)}_{n \text{ 項}}$$

です．したがって

付　録

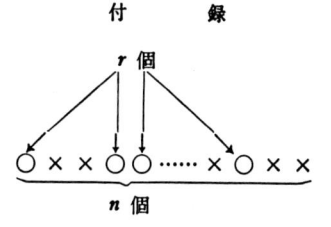

```
              r 個
         ↓ ↓ ↓    ↓
     ○ × × ○ ○ …… × ○ × ×
     ⎵⎵⎵⎵⎵⎵⎵⎵⎵⎵⎵⎵⎵⎵⎵⎵⎵
              n 個
```

が現われる確率は

$$\frac{k(k-1)\cdots(k-r+1)\cdot(N-k)(N-k-1)\cdots(N-k-n+r+1)}{N(N-1)(N-2)\cdots\cdots(N-n+1)}$$

になります．ところが，n 個中に r 個の○を含むような組合せは，○と×の順序を無視すれば

$$_nC_r$$

だけありますから，N 個の中に○が k 個ある場合，その中から n 個を取り出したとき，n 個中に○を r 個だけ含む確率 $P(r)$ は

$$P(r) = {_nC_r} \frac{k(k-1)\cdots(k-r+1)\cdot(N-k)(N-k-1)\cdots(N-k-n+r+1)}{N(N-1)\cdots\cdots(N-n+1)}$$

で表わされます．

この式のままでは，目がちらついて困りますが，幸いなことに

$$k(k-1)\cdots(k-r+1)$$

$$= \frac{k(k-1)\cdots\cdots(k-r+1)\,\boxed{(k-r)\cdots\cdots 2\cdot 1}}{\boxed{(k-r)\cdots\cdots 2\cdot 1}}$$

$$= \frac{k!}{(k-r)!}$$

ですし，これと同じように

$$(N-k)(N-k-1)\cdots\cdots(N-k-n+r+1) = \frac{(N-k)!}{(N-k-n+r)!}$$

また

$$N(N-1)\cdots\cdots(N-n+1) = \frac{N!}{(N-n)!}$$

と，簡単に書くことができます．これを利用すれば

$$P(r) = {}_nC_r \frac{k!}{(k-r)!} \frac{(N-k)!}{(N-k-n+r)!} \frac{(N-n)!}{N!}$$

となりました．ここで

$${}_nC_r = \frac{n!}{r!(n-r)!}$$

を思い出していただきます．そうすると

$$P(r) = \frac{n!}{r!(n-r)!} \frac{k!}{(k-r)!} \frac{(N-k)!}{(N-k-n+r)!} \frac{(N-n)!}{N!}$$

となります．つぎに，手品をおめにかけましょう．この式の右辺の各項の順序をつぎのように入れ替えます．

$$P(r) = \frac{k!}{r!(k-r)!} \frac{(N-k)!}{(n-r)!(N-k-n+r)!} \frac{n!(N-n)!}{N!}$$

あーら不思議．右辺の

第1因子 $= \dfrac{k!}{r!(k-r)!} = {}_kC_r$

第2因子 $= \dfrac{(N-k)!}{(n-r)!(N-k-n+r)!} = {}_{N-k}C_{n-r}$

第3因子 $= \dfrac{n!(N-n)!}{N!} = \dfrac{1}{{}_NC_n}$

です．したがって

$$P(r) = \frac{{}_kC_r \cdot {}_{N-k}C_{n-r}}{{}_NC_n}$$

となりました．たいへんご苦労様でした．

180, 181 ページの単語の意味

agree	意見が合う	boast	誇る
army	陸軍	calamity	災難
bathroom	浴室	cheerful	快活な，楽しい

Colosseum	古代ローマの野外演技場	onion	たまねぎ
content	満足, 内容	passionate	おこりっぽい
cupboard	食器だな	plus	正の, 加えて
descendant	子孫	profitable	有益な
donkey	ろば	reading	読むこと
elastic	弾性的な	rest	休み, 残り
exclaim	大声で叫ぶ	saleswoman	女性の販売人
feed	食べさせる	sent	send の過去, 過去分詞
forehead	ひたい	sightseeing	名所見物
given	give の過去分詞	solitude	孤独
handback	ハンドバック	standard	標準 (の)
hog	食用豚	subjective	主観的な, 主語の
independence	独立	tallow	牛脂
Joan of Arc	ジャンダーク	thrash	なぐる
leapt	leapの過去, 過去分詞	traitor	うらぎり者
loss	失う, 失敗	unique	類のない
meaning	意味	voyager	航海者
moreover	その上に	whenever	…するときはいつでも
nightgown	ねまき	worthwhile	やりがいのある

クイズの答

〔35ページのクイズ〕

第1問 2つのサイコロをいっしょに投げた場合を考えてみます．片方のサイコロは🎲から🎲まで6とおりの出かたがあります．他方のサイコロも同様に6とおりの出かたがありますので，全部で $6 \times 6 = 36$ とおりの出かたがあることになります．その36とおりを全部図に描いてみました（次ページ）．両方の目の数をたして7になるケースは，そのうちの6とおりですから，ラプラスの定義にしたがって，目の数の合計が7になる確率は

$$\frac{6}{36} = \frac{1}{6}$$

となります．同じような考え方で

目の合計が	2	になる確率	1/36
〃	3	〃	2/36
〃	4	〃	3/36
〃	5	〃	4/36
〃	6	〃	5/36
〃	7	〃	6/36
〃	8	〃	5/36
〃	9	〃	4/36
〃	10	〃	3/36
〃	11	〃	2/36
〃	12	〃	1/36

が求められます．

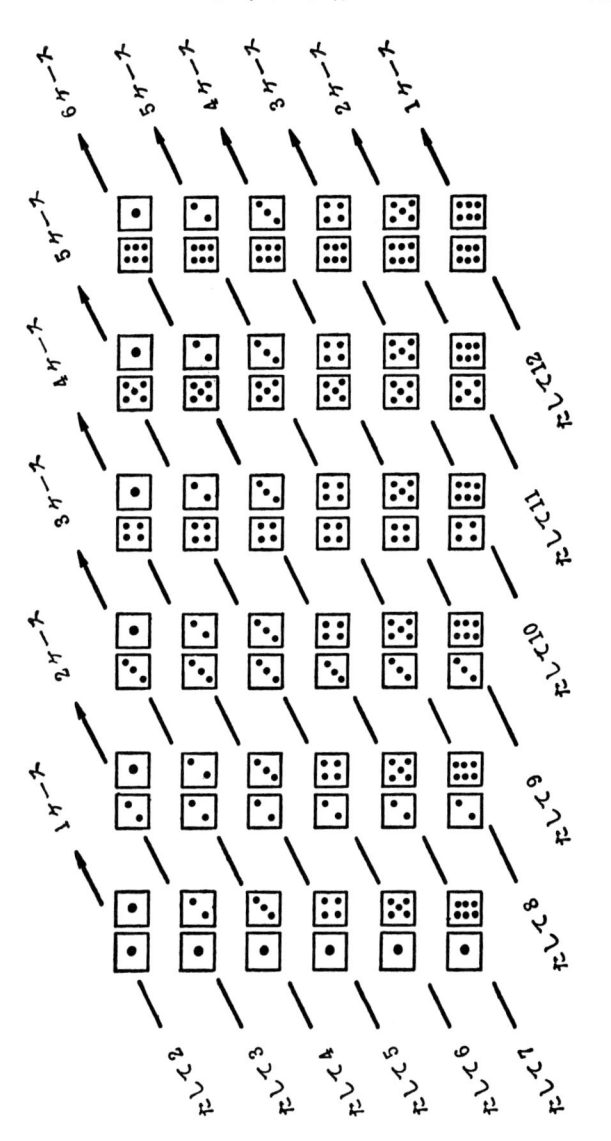

クイズの答

たて2、たて3、たて4、たて5、たて6、たて7

よこ1、よこ2、よこ3、よこ4、よこ5、よこ6

たて8、たて9、たて10、たて11、たて12

第2問 1つのサイコロをふって ⚁ が出る確率は 1/6 です．一方，2つのサイコロをふったとき，目の合計が8になる確率は，第1問の答を見ていただくと 5/36 ですから，少しだけ前者が大きいことになります．

〔48ページのクイズ〕

下図のように斜線がほどこされていれば正解です．

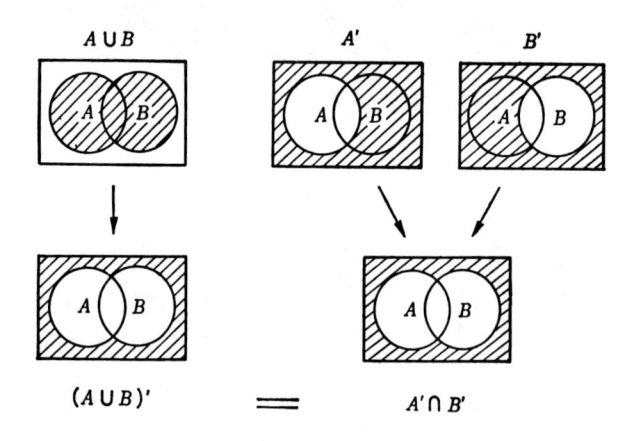

$A \cup B$　　　　　A'　　　　　B'

$(A \cup B)' \;=\; A' \cap B'$

〔79ページのクイズ〕

第1問 1/2 です．1/6 と 1/2 とを加えて10秒以内に 2/3 と答えた方は，暗算能力はリッパですが，ちょっと，そそっかしい．「⚀ か奇数の目」を満足するのは ⚀ ⚂ ⚄ ですから，答は 1/2 になります．⚀ と奇数の目とは排反事象ではありませんから

$$P(⚀ \cup 奇数の目) = P(⚀) + P(奇数の目) - P(⚀ \cap 奇数の目)$$

$$= \frac{1}{6} + \frac{3}{6} - \frac{1}{6} = \frac{1}{2}$$

の式の意味を，もう一度，考えてみてください．

第2問

$$\frac{1}{2} \times \frac{1}{6} = \frac{1}{12}$$

もっとも純粋で，かつ，単純な乗法定理の問題です．

第3問

$$\frac{39}{52}\cdot\frac{38}{51}\cdot\frac{37}{50}\cdot\frac{36}{49}\cdot\frac{35}{48}\cdot\frac{34}{47}\cdot\frac{33}{46}\cdot\frac{32}{45}\cdot\frac{31}{44}\cdot\frac{30}{43}\fallingdotseq 0.04$$

左辺の第1項は1枚めが♠でない確率,第2項は2枚めも♠でない確率,第10項はそれまでの9枚が全部♠でなかったという条件のもとで,10枚めも♠でない確率,になっています.

〔105ページのクイズ〕

第2問 5枚のカードの中に♣を含まない確率は

$$\frac{39}{52}\cdot\frac{38}{51}\cdot\frac{37}{50}\cdot\frac{36}{49}\cdot\frac{35}{48}$$

で計算されますが,第2項以下は 3/4 より小さいので,全部かけ合わせたものは $(3/4)^5$ より小さくなります.100ページの図を見て,超幾何分布では,平均からはなれたことは起こりにくい,ということを思い出してください.

〔142ページのクイズ〕

3回戦で打ち切る,という約束でか̇け̇をする場合を例にとって,A氏とB君の期待値を計算してみましょう.3回戦終了後の8ケースの内訳は

Aの勝ち　　　　　　　　　5ケース ⎫
Bの勝ち　　　　　　　　　1ケース ⎬ 8ケース
勝負つかず（Aの手持ち2個）2ケース ⎭

となっています.ここで注意を要するのは,勝負がついていない2ケースで,Aの手持ちがふり出しの状態より1個減ってしまっているということです.Aが勝ったときの利得は4個,Bが勝ったときのAの利得はもちろんゼロ,勝負がつかないときのAの利得は2個ですから,Aの期待値はつぎのように計算されます.

確　率	利　得	確率 × 利得
5/8	4 個	20個/8
1/8	0 個	0 個
2/8	2 個	4個/8

　　　　　　　　　　　　　　　　計　24個/8＝3個

すなわち、A氏は3個を投資して3個の期待を得ているのですから、平均以上には、もうけも損も期待できません。したがって、かけの相手のB君も、とくに有利でも不利でもありません。やはり、チャンスの神様は公平なようです。

著者紹介

大村　平（工学博士）

　1930年　秋田県に生まれる

　1953年　東京工業大学機械工学科卒業

　　　　　空幕技術部長，航空実験団司令，

　　　　　西部航空方面隊司令官，航空幕僚長を歴任

　1987年　退官．その後，防衛庁技術研究本部技術顧問，

　　　　　お茶の水女子大学非常勤講師，日本電気株式会社顧問

　　　　　などを歴任

　現　在　(社)日本航空宇宙工業会顧問など

確率のはなし ──基礎・応用・娯楽──【改訂版】

1968年6月5日	第1刷発行
1999年7月21日	第45刷発行
2002年9月16日	改訂版第1刷発行
2018年7月25日	改訂版第12刷発行

　検印省略

著　者　大　村　　　平
発行人　戸　羽　節　文

発行所　株式会社 **日科技連出版社**
〒151-0051　東京都渋谷区千駄ヶ谷5-15-5
　　　　　DSビル
　　　　　電　話　出版　03-5379-1244
　　　　　　　　　営業　03-5379-1238

Printed in Japan　　印刷・製本　リョーワ印刷

© *Hitoshi Ohmura* 1968, 2002
ISBN978-4-8171-8011-7

URL http://www.juse-p.co.jp/

はなしシリーズ《改訂版》
絶賛発売中！

■もっとわかりやすく，手軽に読める本が欲しい！
この要望に応えるのが本シリーズの使命です．

確 率 の は な し

統 計 の は な し

統 計 解 析 の は な し

微積分のはなし（上）

微積分のはなし（下）

関 数 のはなし（上）

関 数 のはなし（下）

実験計画と分散分析のはなし

多 変 量 解 析 の は な し

信 頼 性 工 学 の は な し

予 測 の は な し

Ｏ Ｒ の は な し

Ｑ Ｃ 数 学 の は な し

方 程 式 の は な し

行列とベクトルのはなし

論 理 と 集 合 の は な し

――――― 日 科 技 連 ―――――